HAIAN DONGLIXUE SHIYAN

海岸动力学实验

蔡华阳　欧素英　罗向欣　傅林曦◎编著

中山大学出版社
SUN YAT-SEN UNIVERSITY PRESS
·广州·

图书在版编目（CIP）数据

海岸动力学实验/蔡华阳，欧素英，罗向欣，傅林曦编著 . —广州：中山大学出版社，2021. 10

ISBN 978 - 7 - 306 - 07328 - 0

Ⅰ. ①海…　Ⅱ. ①蔡…　②欧…　③罗…　④傅…　Ⅲ. ①海岸—海洋动力学—实验　Ⅳ. ①P731. 2 - 33

中国版本图书馆 CIP 数据核字（2021）第 179076 号

HAIAN DONGLIXUE SHIYAN

出 版 人：王天琪
策划编辑：李　文
责任编辑：李　文
封面设计：林绵华
责任校对：陈文杰
责任技编：靳晓虹
出版发行：中山大学出版社
电　　话：编辑部 020 - 84110771，84113349，84111997，84110779
　　　　　发行部 020 - 84111998，84111981，84111160
地　　址：广州市新港西路 135 号
邮　　编：510275　　　　传　真：020 - 84036565
网　　址：http：//www. zsup. com. cn　　E-mail：zdcbs@ mail. sysu. edu. cn
印 刷 者：广州市友盛彩印有限公司
规　　格：787mm×1092mm　1/16　7.25 印张　111 千字
版次印次：2021 年 10 月第 1 版　　2021 年 10 月第 1 次印刷
定　　价：28.00 元

前　言

　　本书是针对海岸动力、海岸泥沙运动、岸滩演变等内容的学习而专门设计的实验课程，内容涉及波高、潮位、流速、浊度、岸滩高程等数据的采集、测量和统计方法。全书包括五个实验，分别为波浪水槽中规则波与不规则波测量及统计实验，海岸水位动态变化监测实验，采用声学多普勒流速剖面仪（Acoustic Doppler Current Profilers，ADCP）进行的流速观测实验，采用浊度计（Optical Backscatter Sensor，OBS）进行的温度、盐度和浊度等海洋要素观测实验，以及采用载波相位差分技术（Real Time Kinematic，RTK）进行的监测岸滩高程变化实验。通过本书的学习，学生能够了解波浪、潮波等动力因素在海岸的传播变化规律及其对近岸泥沙运动和岸滩演变的影响；通过实验，锻炼学生的实验技能和动手能力，使学生掌握海岸动力学的相关基础理论、实验内容和方法、测量技术以及实验数据分析等技能，提高学生独立思考和设计实验的能力，培养学生理论结合实践的综合素养，为学生从事本学科的相关研究工作奠定基础。

　　本书适用于港口、航道、河口海岸工程等涉海专业本科生和研究生使用，也可供相关科研机构进行试验时做参考。本书所列实验项目基本涵盖了海岸动力学的主要内容，同时，对实验仪器的使用和测量技术以及数据分析等也做了较详细的叙述。本书的出版得到中山大学河口海岸研究团队的关心和支持，在此表示衷心的感谢。限于编者水平，书中难免有错漏和不足之处，希望读者批评和指正。

编著者

2021 年 10 月

目　　录

绪　论

0.1　海岸动力学实验课程的意义

实验教学是培养学生综合动手能力的重要途径，不仅可以让学生掌握基本的实验技术手段，同时还能培养学生运用这些手段从事科学研究的独立工作能力。实验教学最重要的是让学生学会独立设计实验方案和动手实践，注重理论知识和实践应用的结合。素质教育强调培养学生的独立性、创造性和实践性等综合能力，实验教学正是培养这些能力的有效手段。

对实践和分析技能要求高的工程学科，特别是海洋工程与技术专业，海岸动力学实验是不可或缺的。为了培养学生的综合能力，要打破实验教学依附于理论教学、为理论教学服务的传统观念，以全面培养学生的科学研究思维及创新思维，开发应用工程技术的能力，及分析问题、解决问题的能力为目的，构建与理论教学平行、相辅相成的实验教学新体系，以适应素质教育和创新教育的发展需求。

开设具有创造性的实验课，在实验中尽量采用先进的测试方法和数据处理方式，逐步启发学生自行设计实验项目，以提高学生的实际动手能力和创新能力，正是开设本课程的主要目的。

0.2 实验报告的撰写

0.2.1 撰写实验报告的意义

实验报告是学生完成实验后不可或缺的环节，是对实验数据进行归纳并得出结论的重要书面报告。撰写实验报告可培养学生形成用科学语言进行总结的习惯，培养学生实事求是的科学态度，从而提高其科学素养和专业素养。实验报告的质量体现实验的价值，因此，必须重视实验报告的撰写。

0.2.2 撰写实验报告的要求

实验报告的语言表达要简练通顺，要用准确的专业术语客观地描述实验现象和结果，要有时间顺序以及各项指标在时间上的关系。图表要清晰，结果要突出，每个图表要有表目及单位，并说明一定的科学问题。如果得到的实验结果与预期的结果或结论不符，应分析异常产生的可能原因。

0.2.3 实验报告的内容

实验报告的内容包括实验名称、实验目的、实验原理、实验材料和仪器设备、实验步骤、数据处理和实验结果、分析讨论和结论、附录等。对于某项具体的实验，可根据实际情况对以上内容进行合并或删减。

（1）实验名称。对所进行的实验要事先给定实验名称。

（2）实验目的。应在实验报告开头部分写明实验目的，要求简明扼要地描述为什么要进行此项实验，在理论上验证什么定理、公式，或在实践上掌握使用哪些实验设备的技能技巧和程序的调试方法等。

（3）实验原理。应给出实验原理，即实验的理论依据、实验的方案和重要的数学表达式。必要时，还应给出本实验的原理框架图或流程图，并配以相应的文字说明。

（4）实验材料和仪器设备。应列出实验过程中所用的主要仪器设备，介绍设备或仪表的型号、结构与特点、主要组成部分、使用方法等。

（5）实验步骤。只需写明主要操作步骤，应简明扼要。

（6）数据处理和实验结果。包括对实验现象的描述、实验数据的处理等。原始资料应附在实验报告上。处理实验数据的表格设计要合理，能让读者从实验数据的演变中自然地得出某种科学结论。

（7）分析讨论和结论。应根据相关理论知识对实验结果进行解释和分析，找出某一物理量的变化趋势或规律，从而得出结论。分析本实验所得结论的使用场合和局限性。对于实验中难以解释的现象，可以再次提出，以便做进一步分析研究，还可提出对实验的改进方案和设想。

（8）附录。在实验中有参考价值的内容和资料，例如实验原始数据、数学公式的推导过程、计算程序等内容，可附于实验报告上。

0.3　海岸动力学实验课程的要求

通过本课程的学习和实验实践，要求学生达到：①了解科学实验的内涵和意义；②熟悉海岸动力学实验常用的仪器和装置；③掌握海岸动力学实验的原理、方法、测试技术、数据采集、误差分析等基本理论和技能。

要求培养学生具有理解、改进和设计实验方案的能力，操作仪器的能力，实验数据采集和处理的能力，分析误差和提高精度的能力，对实验现象观察、分析并得出结论的能力，撰写实验报告的能力。

要求学生严格按科学规律进行实验工作，遵守实验操作规程，实事求是，不允许弄虚作假；养成重视分析与综合思考的习惯，对实验中观察到的现象和结果做出解释和分析，训练理性思维；敢于存疑、探求和创新。

1 海洋波浪水槽实验

1.1 实验目的

近岸带海浪的传播变形和波高计算是研究泥沙输运和海岸带防护措施的基础。海浪可视为由无穷多个振幅、频率、方向和相位不同的简谐波组成，这些波构成海浪谱，可用于描述海浪内部能量相对于频率和方向的分布。本实验的目的为：

（1）了解波浪水槽实验的基本原理和理论基础，包括基本造波方法、波浪理论和近岸波浪传播现象等。

（2）了解造波机、浪高仪的基本构成和测量原理。

（3）通过实际测量不同有效波高和周期条件下规则波和不规则波的波高信号，分析波浪的频谱特性等。

1.2 实验装置与仪器

1.2.1 实验装置

水槽长 16 m，宽 0.4 m，整体高度约 1.2 m。其造波系统由造波机、消波装置、波高测量系统等组成（图 1-1）。系统能够实现规则波、单向不规则波和自定义波的模拟，能够按照常见的波谱（包括但不限于 PM 谱、B 谱、J 谱、海港水文规范谱等）及自定义波谱造波。

图 1-1　波浪水槽

1.2.2　实验仪器

1.2.2.1　流量控制仪器

流量控制系统及仪器见图 1-2 至图 1-4。

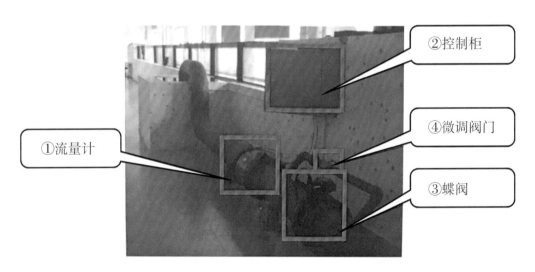

②控制柜

④微调阀门

①流量计

③蝶阀

图 1-2　流量控制系统

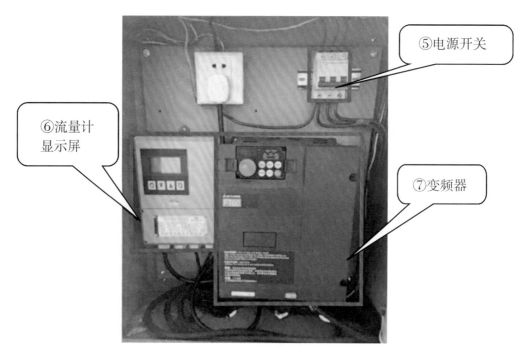

图 1-3　控制柜内接线

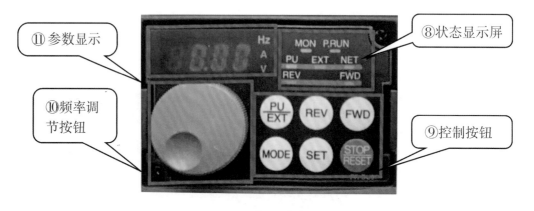

图 1-4　变频器操作面

1.2.2.2　造波控制仪器

造波控制仪器见图 1-5、图 1-6。

图 1-5 造波机控制柜

图 1-6 TCS 浪高仪信号转换盒

1.2.2.3 测量系统

测量系统及仪器见图 1-7、图 1-8。

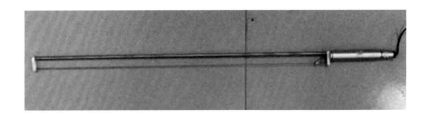

图 1-7 波高仪

图1-8　ADV（声学多普勒点式流速仪）

1.2.2.4　波浪数据采集系统

波浪数据采集系统分三部分：波高仪、数据采集器（箱）、数据采集与分析软件。波高仪垂直安装于水中，安装深度要保证波峰与波谷不超过测量杆的测量范围。波高仪输出标准的4～20 mA信号，连接64路USB数据采集箱，可同时测量64路4～20 mA信号。数据采集箱通过USB线连接计算机，通过数据采集与分析软件进行数据采集与分析。

技术特点和优势：精度高、响应快、安装方便、经久耐用，可实时测量波浪数据。

工作内容：测压敏感元件、测试电路、直接输出数字信号。

技术参数及指标：

测量范围为0～1 m。

测量精度为0.2% FS。

响应时间为1 ms。

采样频率为50 Hz、100 Hz、500 Hz、1000 Hz。

1.2.2.5　ADV（声学多普勒点式流速仪）

Nortek Vectrino（小威龙）是一款高精度声学多普勒点式流速仪（Acoustic Doppler Veloeimetry，ADV），用来测量水流的三维流速。测量技术的基础是相干多普勒处理，特点是测量精度高，没有零点漂移。ADV在各种实验环境中得到广泛应用，比如水工实验室里测量湍流和三维流速；也可用于水槽和水池模型。

技术指标：

• 流速测量（横向和垂向的流速测量范围不同，请参照设置软件）

测量范围：±0～4 m/s。

测量精度：测量值的±1% ±1 mm/s。

采样输出频率：1～25 Hz（标准）/1～200 Hz。

- 采样点

距探头距离：0.05 m。

直径：6 mm。

高度（用户可选）：3～15 mm。

- 回声强度

声学频率：10 MHz。

分辨率：线性刻度。

强度范围：25 dB。

- 温度传感器

范围：－4～40 ℃。

精度/分辨率：1 ℃/0.1 ℃。

响应时间：5 min。

1.3　实验内容

设置不同的流速 v 和波浪参数（波高 H 和周期 T），进行波高数据和流速数据的实测。

1.3.1　水深与流速设置

根据需要的水深 h 将水槽尾门设置到相应高度：

（1）打开③蝶阀（罗盘上小箭头指向左边"Open"）。

（2）打开控制柜内⑤电源开关，此时⑥流量计显示屏和⑦变频器启动，⑧状态显示屏中"EXT"下方的红灯亮。

（3）按下⑨控制按钮中的"PU/EXT"按钮，切换成 PU 模式，⑧状态显示屏中"EXT"下方的红灯灭，"PU"下方的红灯亮。

（4）按下⑨控制按钮中的"FWD"按钮，此时系统按已设置的初始频率运行（初始频率已设置在 20～30 Hz，不用更改），水泵启动，⑪参数显示屏数字逐渐增到初始频率后不再变化，⑥流量计显示屏数字随之逐渐

增大到稳定后在小范围内跳动。

（5）根据给定的流量频率（表1-1），按照目标水深 h 和目标流速 v 调整⑩频率调节按钮，调整之后按⑨控制按钮中的"SET"键确认，水泵按调整的频率重新运行。

表1-1 流量频率

目标水深 h/m	目标流速 v/(cm·s^{-1})	尾门高度	频率/Hz	流量/(m^3·s^{-1})
0.37	3	标记1		
	6	标记2		
	9	标记3		
	12	标记4		

开启 ADV，用于校准流量和尾门调节后流速 v：

（1）将 ADV 连接电源，并打开连接 ADV 测量的电脑，打开 ADV 测量程序（Vectrino Plus），程序界面如图1-9所示。

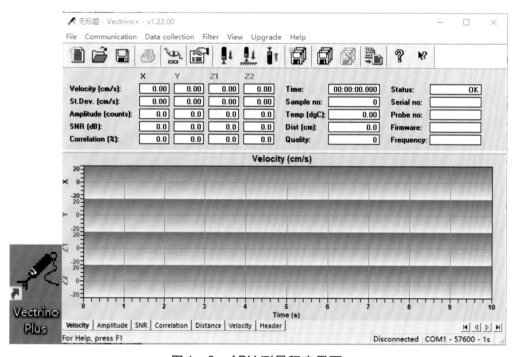

图1-9 ADV 测量程序界面

（2）单击"Communication"，选择 Serial port（ADV 相对应的端口号），其余设定按默认设置（图1-10）。

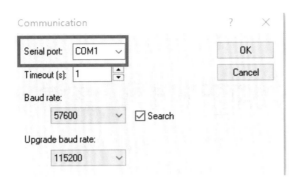

图 1 - 10 选择端口号

（3）单击"Configuration"（如图 1 - 11 中加框图标），设置参数。

图 1 - 11 设置参数的图标

Sampling rate（采样频率）为 50 Hz（即 1 输出 50 个数据）。

Nominal velocity range（流速范围）为 0.03 m/s，0.10 m/s，0.30 m/s（根据实际情况选择流速范围）。

Transmit length（发射强度）、Sampling（采样体积）均选取最大值；Power level（能量强度）选取 High，Coordinate（坐标系）选取 XYZ；

设置完成后，单击"应用（A）"按钮，然后单击"Update"，此时 ADV 参数设置完成（图 1 - 12）。

图 1 - 12 参数设置界面

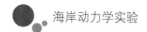

（4）单击图 1 - 13 加框按钮，即开始测量流速（仅测量不采集），此时可看到流速。

图 1 - 13 测量流速图标
图 1 - 13　测量流速图标

（5）降低尾门，并且轻微调整频率调节按钮使频率升高，达到目标水位 h（水槽标尺显示的水深 h）和目标流速 v（根据 ADV 测量得到的流速 v）后，形成恒定流进行试验。

1.3.2　造波及数据记录

1.3.2.1　创建工程

打开造波机和控制造波机的电脑、TCS 浪高仪信号转换盒，在电脑桌面新建文件夹，通常以时间命名；打开水槽波浪模拟系统 V2.0；软件界面如图 1 - 14 所示，单击"新建目录"，选择刚刚创建的文件夹，单击"创建工程"。

图 1 - 14　水槽波浪模拟系统界面

1.3.2.2 生成造波文件和传输造波文件

（1）生成造波序列。单击"造波序列生成"，界面如图 1 - 15 所示，根据需要更改波浪参数（波高、周期和水深），单击"确定"。文件保存位置无法更改，默认与新建的工程为同一路径。

图 1 - 15　生成造波序列文件界面

（2）导入造波文件。单击"造波"，界面如图 1 - 16 所示，单击"导入数据"，根据造波文件路径找到造波文件，导入，等待系统提示"文件导入完成"。

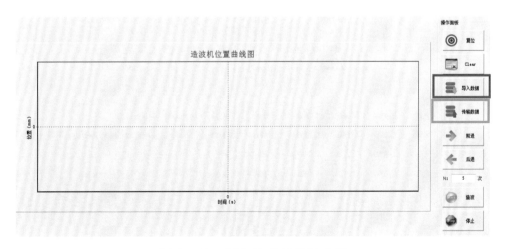

图 1 - 16　导入和传输造波文件

（3）传输造波文件。单击"传输数据"，等待系统提示"文件传输完成"。

1.3.3.3　流速数据的采集

（1）单击"Disk File Data Recording"，设置文件名和存储路径（Base Name and Folder），文件名为 ADV_05_ regular0810_01，其中 05 为流速 5cm/s，regular0810 为规则波波高 8 cm、周期 1.0s，01 为测量次数第 1 次。

（2）单击"Start Disk Recording"，开始采集流速数据 U。

（3）流速数据采集完成后，单击"Stop Disk Recording"，即停止采集数据。如图 1 – 17 所示。

图 1 – 17　流速数据采集图标

1.3.3.4　波高数据的采集

单击"数据采集"，界面如图 1 – 18 所示，单击"打开采集设备 1"，勾选相应波高仪通道后，单击"确定"。

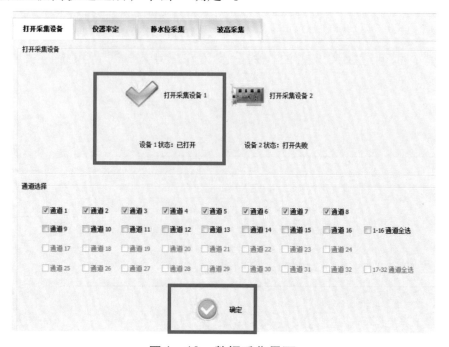

图 1 – 18　数据采集界面

1.3.3.5　采集静水位

单击"静水位采集"，多次单击"采集静水位"，单击"保存静水位"。

1.3.3.6　波高采集

单击"波高采集"，设置波浪文件的保存路径及保存名称后，单击"开始采集"。波浪数据采集完成后，单击"停止采集"，即停止采集数据。

1.3.3.7　造波

单击"造波"，跳转到造波界面，根据波浪周期调整 N 的数值，通常取 3 ～ 5，单击"造波"，造波机即造出设定的波浪。如报错，单击"Clear"后再造波即可。

1.3.3.8　结束造波

造波完成且数据采集完成后，停止数据采集，单击"停止造波"。注意，若下次造波使用不同造波文件或当天实验结束，需单击"复位"，使造波机回到初始位置。

循环以上操作，将需要测量的工况（流速和波高周期）数据采集完成。

1.3.3.9　仪器关闭及电源切断

试验结束后，需关闭以下设备并切断电源：

（1）关闭流速测量仪器 ADV 及其数据传输的电脑。停止 ADV 测量后单击"关闭"即可。

（2）关闭水槽流量控制系统。先按控制按钮中的红色"STOP/RESET"按钮，则频率逐渐降低至零后水泵停机，关闭电源开关。

（3）关闭造波及波高采集系统。关闭造波机、TCS 浪高仪信号转换盒、水槽波浪模拟系统 V2.0 和波高数据采集连接的电脑。

1.4　数据处理

1.4.1　随机波浪统计理论

实际海洋波浪是随机的不规则波，其统计方法可分为两种：一种是基于时间域的特征波法，即通过上跨（或下跨）零点法确定波高、周期等进行统计分析；另外一种是基于频率域的谱分析方法，即假定实际海洋波浪是由许多振幅、频率和相位均不相同的正弦（或余弦）波所组成。对于特征波法，通常按部分大波平均值进行定义。

（1）平均波高 H_z 和波周期 T_z：波列中所有波高和波周期的平均值，计算式如下：

$$H_z = \frac{1}{N}\sum_{i=1}^{N} H_i, \qquad T_z = \frac{1}{N}\sum_{i=1}^{N} T_i \qquad\qquad (1-1)$$

（2）均方根波高 H_{rms}：

$$H_{rms} = \sqrt{\frac{1}{N}\sum_{i=1}^{N} H_i^2} \qquad\qquad (1-2)$$

（3）有效波高（或1/3大波）H_s 和波周期 T_s：波列中各波浪按波高由大到小进行排列，取前面 $\frac{1}{3}$ 个波的平均波高和波周期，计算式如下：

$$H_s = \frac{1}{N/3}\sum_{i=1}^{N/3} H_i, \qquad T_s = \frac{1}{N/3}\sum_{i=1}^{N/3} T_i \qquad\qquad (1-3)$$

式（1-1）至式（1-3）中，N 是波列中所有波高的总数，H 和 T 分别表示按波高由大到小进行排列波高和波周期时间序列。假定波高服从瑞利分布，可得

$$H_{rms} = 2\sqrt{2}\,\eta_{rms} = \frac{2}{\sqrt{\pi}}H_z \approx 1.13H_z \qquad\qquad (1-4)$$

$$H_s = \sqrt{2}H_{rms} \qquad\qquad (1-5)$$

式（1-4）中，η_{rms} 表示自由水面高程的均方根值。

对于谱分析法，通常将观测时间序列由时间域通过快速傅立叶变换转换到频率域，并计算其海洋波浪的能量谱密度：

$$\eta(t) = \sum_{n=1}^{M} \left[a_n \cos(2\pi f_n t) + b_n \cos(2\pi f_n t) \right] = \sum_{n=1}^{M} \left[c_n \cos(2\pi f_n t + \varPhi_n) \right] \tag{1-6}$$

$$S_{\eta\eta}(f_n) = \frac{1}{\Delta f} \sum_{f_n}^{f_n + \Delta f} \left(\frac{1}{2} c_n^2 \right) = \lim_{\Delta f \to 0} \frac{1}{\Delta f} \left(\frac{1}{2} c_n^2 \right) \tag{1-7}$$

式（1-6）、式（1-7）中，η 是自由水面高程，t 是时间，$\eta(t)$ 是自由水面高程的傅立叶级数展开，a_n、b_n 和 c_n 表示不同余弦波的振幅，$\varPhi_n$ 表示相位（其中，$\tan\varPhi_n = -b_n/a_n$），$f_n = n/D$ 是频率，$S_{\eta\eta}$ 是自由水面高程的能量谱密度，$\Delta f = 1/D$ 是频率间隔，D 是时间序列的长度。

在此基础上，可统计海洋波浪的特征参数：

$$m_n = \int_0^\infty S_{\eta\eta}(f) f^n \, \mathrm{d}f \approx \sum_{i=1}^{M} S_{\eta\eta,i} f_i^n \Delta f_i \tag{1-8}$$

$$m_0 = \int_0^\infty S_{\eta\eta}(f) \, \mathrm{d}f = \sigma_\eta^2 \tag{1-9}$$

$$H_{m0} = 4\sigma_\eta = 4\sqrt{m_0} = 4\sqrt{\int_0^\infty S_{\eta\eta}(f) \, \mathrm{d}f} \approx 4\sqrt{\sum_{i=1}^{M} S_{\eta\eta,i} \Delta f_i} \tag{1-10}$$

$$T_p = \frac{1}{f_p} \tag{1-11}$$

$$T_{m01} = \frac{m_0}{m_1} \tag{1-12}$$

$$T_{m02} = \sqrt{\frac{m_0}{m_2}} \tag{1-13}$$

式（1-8）至式（1-13）中，m_n 是波浪能量谱的 n 阶矩，m_0 是波浪能量谱的零阶矩，σ_η 是自由水面高程的标准差，H_{m0} 是波高的零阶矩，T_p 和 f_p 是最大波浪能量谱密度所对应的周期和频率，T_{m01} 是平均波周期，T_{m02} 是平均过零点的波周期。

1.4.2　随机波浪分析应用示例

本应用示例数据来源于美国 Arash Karimpour 教授开发的基于 MATLAB 的 OCEANLYZ 海洋波浪分析工具箱。示例中随机波浪时间序列包括 5 个标准段波列，每个波列的采样时间为 1024 s，采样频率为 10 Hz，数据总个数为 51200，其波形如图1-19 所示。每个标准段波列在采用特征波法或谱分析法进行统计分析前均需采用 MATLAB 中函数 "detrend" 去掉其线性变化趋势，结果如图 1 - 20 所示。

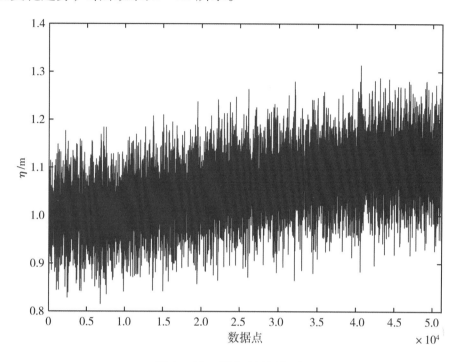

图 1 - 19　随机波浪波形

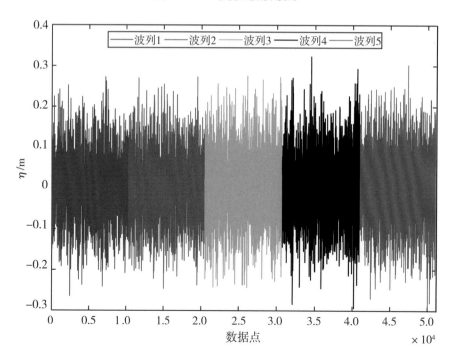

图 1 - 20　去除线性变化趋势后的随机波浪波形

根据特征波法分别统计其平均波高、波周期以及有效波高、波周期，结果如表 1-2 所示。通过上跨零点法提取出第一个波列的波高序列，采用瑞利分布函数进行拟合，可得波高的概率密度分布及概率累积分布曲线，结果如图 1-21 所示。

表 1-2 基于特征波法不同波列的波浪特征参数

波列	H_z/m	T_z/s	H_s/m	T_s/s
1	0.20	2.69	0.29	2.65
2	0.21	2.73	0.30	2.70
3	0.22	2.69	0.32	2.70
4	0.21	2.79	0.31	2.86
5	0.23	2.84	0.33	2.73

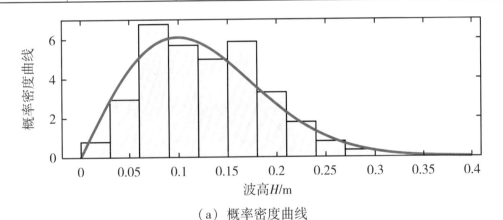

（a）概率密度曲线

（b）概率累积曲线

图 1-21 第一个波列的波高分布直方图及其对应的瑞利分布

根据谱分析法分别统计其波高零阶矩、平均波周期、平均过零点波周期以及最大波浪能量谱密度所对应的周期和频率，结果如表 1 - 3 所示。不同波列的波浪能量谱密度随频率的分布如图 1 - 22 所示。

表 1 - 3　基于谱分析法不同波列的波浪特征参数

波列	H_{m0}/m	T_{m01}/s	T_{m02}/s	T_p/s	f_p/Hz
1	0.32	2.52	2.42	2.77	0.36
2	0.32	2.54	2.44	2.84	0.35
3	0.35	2.54	2.44	2.93	0.35
4	0.33	2.57	2.47	2.93	0.34
5	0.37	2.60	2.50	2.93	0.34

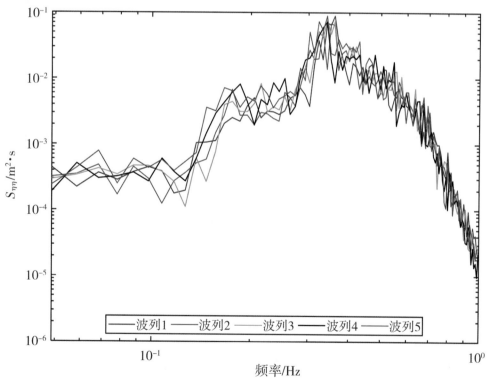

图 1 - 22　不同波列的波浪能量谱密度随频率的变化

1.5 实验成果及要求

（1）做好不同工况条件下水槽中不同位置的波高测量记录。

（2）根据测量的波面高程数据，采用特征波法统计其平均波高和周期、均方根波高、有效波高和波周期。

（3）基于提取的波高时间序列，采用瑞利分布函数绘制波高的概率密度和概率累积曲线。

（4）根据测量的波面高程数据，采用频谱分析法统计其波高零阶矩、平均波周期、平均过零点波周期以及最大波浪能量谱密度所对应的周期和频率，并绘制波浪能量谱密度图。

1.6 分析思考题

（1）简述规则波和不规则波的差异及其相应的分析理论。

（2）简述微辐波理论的基本假设及结论，并阐明其与斯托克斯波、椭圆余弦波和孤立波理论的差异和适用范围。

（3）随机波浪理论中波浪能量谱密度的估计方法有哪些？

（4）水深和有效波高对波浪传播变形有什么影响？

（5）实验过程中如何消除反射波对波浪传播变形的影响？

附录 1　OCEANLYZ 海洋波浪分析工具箱使用手册

1. 示例

```
%.. +++++++++++++ 主程序使用说明 ++++++++++++++
%.. + Oceanlyz
%.. + 海洋波浪分析工具箱
%.. + 版本 1.4
%.. +
%.. + 开发者: Arash Karimpour
%.. + 网　址: www.arashkarimpour.com
%.. + 时间: 2019 - 07 - 01
%.. +++++++++++++++++++++++++++++++++++++++++++
% RunOceanlyz_cero_crossing.m(特征波法)
% 描述
% 输出
% - - - - - -
% 输出海洋波浪的特征参数,比如:
% wave.Tp
%                                最大波高所对应的波周期(s)
% wave.Hm0
%                                波浪能量谱的零阶矩(m)
% 输出是一个结构数组
% 输出结果保存为'wave.mat'
% 输出变量为 'wave'
% 可以通过 '.'来引用变量'wave' 中的各个子变量
% 例如:输出最大波高所对应的波周期: "wave.Tp"
% ==========================================
```

```
% 清除所有的变量
clc,clear
close all
% -----------------------------------------------
% 关掉警示
warning('off');
% -----------------------------------------------
% 将 OCEANLYZ 所在的文件夹及其所有的子文件夹添加到 Matlab 的
搜索路径
OceanlyzFolder = pwd; % OCEANLYZ 所在路径
OceanlyzPath = genpath(OceanlyzFolder); % 生成 CEANLYZ 所在的文件
夹及其所有的子文件夹路径
addpath(OceanlyzPath); % 添加搜索路径
% 函数 -------------------------------------------
% 使用主要的计算程序
OceanlyzInputFileName = 'oceanlyzinput.m'; % Oceanlyz 输入文件,例如:
'oceanlyzinput.m'
[wave] = CalcFun(OceanlyzInputFileName,OceanlyzFolder,OceanlyzPath);
% 主程序
% -----------------------------------------------
% 移除 OCEANLYZ 所在的文件夹及其所有的子文件夹的搜索路径
rmpath(OceanlyzPath);
% -----------------------------------------------
% 打开警示
warning('on');
% -----------------------------------------------
% 清除除了 wave 的其他变量
clear OceanlyzInputFileName
clear OceanlyzFolder
clear OceanlyzPath
```

```
% ----------------------------------------
%% 画图程序
figure1 = figure;%画原始随机波浪的波形图
H = wave. Input;
t = 1： length(H);
plot(t,H,'-b')
xlabel('数据点')
ylabel('\it\eta\rm（m）')
xlim([0 max(t)])
%%
figure2 = figure;%画出不同波列的波形图
Eta = wave. Eta;  %去除线性变化趋势的不同波列的时间序列
t = 1： size(Eta,2);
plot(t,Eta(1,:),'-b')
hold on
plot(t+10240,Eta(2,:),'-r')
hold on
plot(t+2*10240,Eta(3,:),'-g')
hold on
plot(t+3*10240,Eta(4,:),'-k')
hold on
plot(t+4*10240,Eta(5,:),'-m')
xlabel('数据点')
ylabel('\it\eta\rm（m）')
xlim([0 5*size(Eta,2)])
legend('波列 1','波列 2','波列 3','波列 4','波列 5','location','N','Orientation','Horizontal')
%%
% Table = [wave. Hz wave. Tz wave. Hs wave. Hz];%特征波法所对应的特征参数
```

Table = [wave. Hm0　wave. Tm01　wave. Tm02　wave. Tp wave. fp]；%% 谱分析法所对应的特征参数

f = wave. f；　　%频率

Syy = wave. Syy；　%波浪能量谱密度

figure3 = figure；%画出波浪能量谱密度随频率的变化图

loglog(f(1,:),Syy(1,:),'-b')

hold on

loglog(f(2,:),Syy(2,:),'-r')

hold on

loglog(f(3,:),Syy(3,:),'-g')

hold on

loglog(f(4,:),Syy(4,:),'-k')

hold on

loglog(f(5,:),Syy(5,:),'-m')

xlabel('频率（Hz)')

ylabel('\itS\rm_{\eta\eta}（m^2 s)')

legend('波列 1','波列 2','波列 3','波列 4','波列 5','location','S','Orientation','Horizontal')

2　海洋潮汐测量及分析实验

2.1　实验目的

　　狭义的海洋潮汐测量通常称为水位测量或验潮测量。潮汐测量的目的在于掌握研究区域的潮汐变化性质，在此基础上应用测量的潮汐资料，通过调和分析方法计算该区域的潮汐调和常数，并进行潮汐预报，为军事、交通、水产和测绘等部门提供技术支撑。本实验的主要目的是掌握海洋潮汐测量的基本方法，利用所测量的水位数据进行调和分析，掌握研究区域的潮汐基本特性。

2.2　实验设备与测量原理

2.2.1　设备介绍

　　主要设备为 CTD-Diver（图 2 – 1），相关参数设置如表 2 – 1 所示。

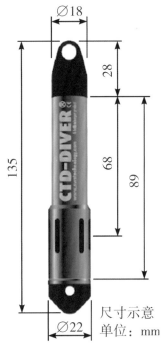

尺寸示意
单位：mm

图 2 – 1　CTD-Diver 装置示意

表 2 – 1　相关参数设置

项　目	参数
外壳材料	陶瓷
测量时间间隔	0.5 s～99 h
内存容量	48000 组
数据误差	万分之一

设备用途：放于水下，测量压力、水温、电导率。适应于腐蚀环境，适用于监测海水入侵等。

2.2.2　水位自动监测技术

水位自动监测主要依赖自记式压力探头（CTD-Diver 系列），其内部核心部件主要是：电池（为传感器供电）；压力传感器（测量水压或气压）；温度传感器（测量温度）；数据存储介质（存储压力和温度数据）；电导率传感器（用于测量盐度）。

这种探头自成一体，独立完成"供电—测量—存储"三个工作环节，由于整体处于温度相对稳定的地下水体中，避免了地表巨大温差变化给仪器带来的干扰，其稳定性和使用寿命一般可用 5 年以上，甚至 10 年以上。

2.2.3 CTD-Diver 水位监测原理

在水井中悬挂在水下的 CTD-Diver 测量到的压力 $P_1(t)$ 为 CTD-Diver 以上水柱所产生的压力以及大气压力之和，而悬挂在空气中的 CTD-Diver 测量到的是大气压力，将两个 CTD-Diver 的数据相减可以得出 $P_W(t)$，$P_W(t)$ 除以水密度 ρ 和重力加速度 g 则可得到水柱高度。在实际工作中，我们不需要亲自动手做上述计算工作，而是交由配套的计算机软件 Diver-office 来完成，只需要将数据导入软件中即可。图 2-2 为 Diver-office 气压校正示意。

$$P_W(t) = P_1(t) - P_2(t) \tag{2-1}$$

$$H_W(t) = \frac{P_W(t)}{\rho g} \tag{2-2}$$

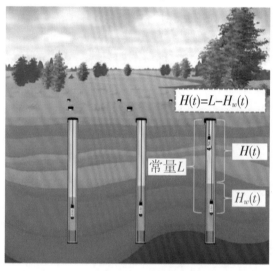

图 2-2　CTD-Diver 气压校正示意

2.2.4 CTD-Diver 的基本操作

2.2.4.1 Diver-office 界面设置

CTD-Diver 的操作由 Diver-office 软件实现，界面如图 2-3 所示，各板块功能如下：

菜单栏
工具栏
项目树
详细信息
搜索

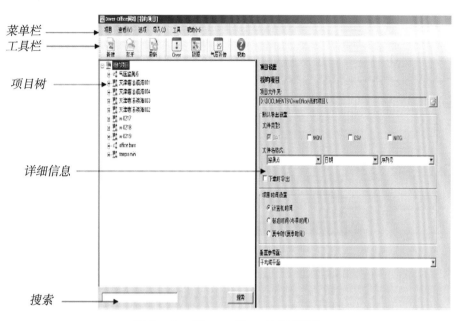

图 2 – 3　Diver-office 软件界面

菜单栏：包含目录命令和进入下级命令的选项。

工具栏：包含 Diver-office 系统常用功能的快捷键，各按钮功能如图 2 – 4 所示。

新建（New）新建一个项目

打开（Open）打开已有的项目

读取 Diver（Read Diver）打开 Diver 设置对话框

数据（Data）打开数据对话框

气压补偿（Barometric Compensation）打开气压补偿对话框

帮助（Help）打开 Diver-Office 帮助文档

图 2 – 4　Diver-office 工具栏各功能键

项目树：以树形结构列出所有的项目监测点，及各自的设置、时间序列以及手动测量值。

详细信息：背景环境设置窗口，其变化决定着项目树级别的选择。

搜索：输入监测点的名称，单击"搜索"按钮，即可在项目树中搜索监测点。

2.2.4.2 项目树操作

项目树（project tree）列出了当前项目的所有监测点，包含各监测点的手动测量值、CTD-Diver 设置及时间序列数据。项目树的基本结构如图 2-5 所示。

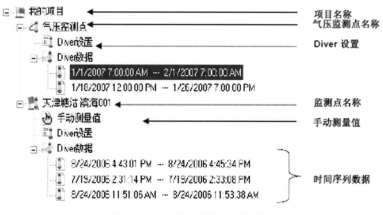

图 2-5　项目树基本结构

选择项目树根目录（项目名称）时，项目设置将显示在右边的详细信息框中（图 2-6）。

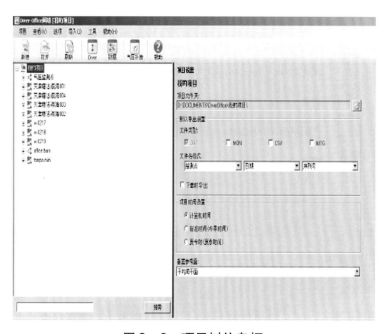

图 2-6　项目树信息框

2.2.4.3 监测点设置

监测点（monitoring point）指的是与一个 CTD-Diver 相关联的地理位置，即特定的测井及特定的监测间隔（特定的测井帷幕）。设置 CTD-Diver 时，可以指定合适的监测井名称。设置 CTD-Diver 或下载 CTD-Diver 数据时，监测点名称将自动添加到项目树中的项目名称下（图 2 - 7）。

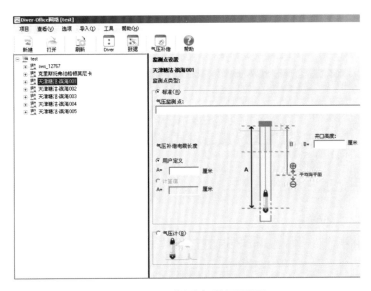

图 2 - 7 监测点设置界面

地址设置包括监测点类型：选择气压（barometer）或标准（regular）。气压监测点类型包含气压时间序列数据，而标准监测点类型包含地下水时间序列数据，如压强、温度和电导率。监测点类型在项目树中用图形形式表示如下：

气压监测点（barometer monitoring point）

标准监测点（regular monitoring point）

2.2.4.4 CTD-Diver 设置

对于选择的监测点，CTD-Diver 设置选项显示当前 CTD-Diver 的项目设置。要查看 CTD-Diver 的设置，只需选择 CTD-Diver 设置（CTD-Diver Settings）项，其设置就会出现在相邻的窗口中（图 2 - 8）。将会保存下列

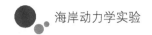

设置：

启动时间（starts at）：CTD-Diver 的启动时间。

停止时间（stops at）：CTD-Diver 的停止运行时间。

序列号（serial number）：CTD-Diver 的序列号。

硬件版本（fireware version）：CTD-Diver 的当前硬件版本。这一区域只有当 CTD-Diver 启动时才会更新，而在 CTD-Diver 加载数据时不会更新。

压强范围（pressure range）。

取样方法（sample method）：取样方法及取样频率。

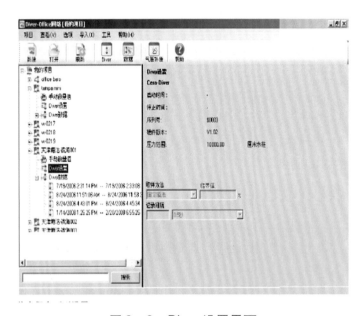

图 2-8　Diver 设置界面

2.2.4.5　时间序列数据

树形视图会显示每一时间序列数据（times series data）的启动、停止时间和气压补偿状态。气压补偿状态可以是完成补偿、部分补偿或未补偿。如图 2-9 至图 2-11 所示。

未补偿（Uncompensated）

部分补偿（Partially Compensated）

完成补偿（Compensated）

图 2-9　气压补偿状态图标

位置　　序列号.　　开始日期/时间　　结束日期/时间

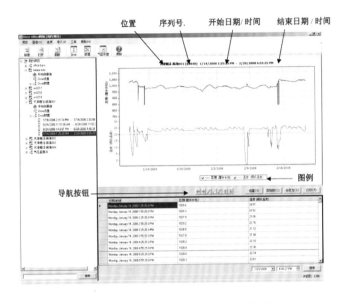

左移（Move Left）

右移（Move Right）

放大（Zoom In）

重新设置（Reset Settings）

缩小（Zoom Out）

上移（Move Up）

下移（Move Down）

图 2-10　时间序列显示数据界面　　　　图 2-11　界面内图标功能

2.2.5　实验数据读取

2.2.5.1　CTD-Diver 的编辑和数据读取

将 CTD-Diver 顶盖拧下后，插入数据读取器，如图 2-12 所示。

图 2-12　数据读取器和 CTD-Diver

在主菜单单击"View"，选择 CTD-Diver 查看 CTD-Diver 对话框，或在工具条上选择 CTD-Diver，也可以按"CTRL + R"。选择后，Diver-Office 将会读取和显示所连接的 CTD-Diver 设置的数据（图 2 - 13）。

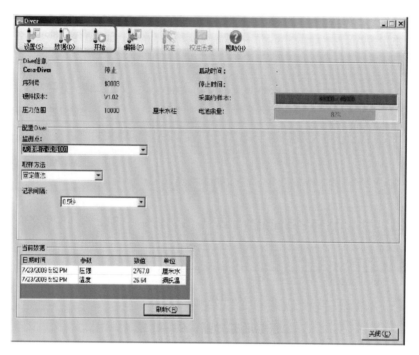

图 2 - 13　与 CTD-Diver 通信界面

如图 2 - 13 所示的 CTD-Diver 对话框是与 CTD-Diver 通信的主界面，可以通过该对话框实现以下各项操作：

读取 CTD-Diver 的设置。

编辑 CTD-Diver 的设置。

启动 \ 停止 CTD-Diver。

下载数据到 CTD-Diver-Office。

从连接的 CTD-Diver 读取当前数据。

校准 CTD-Diver。

注意：必须从选项/通信（Preferences/Communication）对话框选择适当的通信方法来实现与 CTD-Diver 的通信，同时 CTD-Diver 必须连接在电脑上。

2.2.5.2 读取 CTD-Diver 的设置和数据

读取 CTD-Diver 的设置和数据如图 2 – 14 所示。

点击 **设置**（Settings）按钮读取 Diver 的设置。将报告以下的设置：

设置	描述
Diver 类型	Diver 的类型，例如 Mini-Diver, Micro-Diver, CTD-Diver
Diver 状态	Diver 的状态，可以为开始或停止。如果您使用定时启动或自动定时启动，状态也可以为定时启动。
启动时间	Diver 的启动时间。
停止时间	Diver 的停止时间。**备注：** 计算所得的停止时间只是建立在指定的记录间隔基础上，而不考虑 Diver 的使用寿命。*只有设置为固定值法（Fixed）或求均值法（Averaging）取样方法的 Diver 采用计算所得的停止时间。*
序列号	Diver 的序列号。
剩余存储空间	进程条显示 Diver 的内存余量。
电池余量	显示 Diver 的电池余量。
硬件版本	Diver 的硬件版本。
测量范围	Diver 的压强范围。
电导率范围	Diver (仅 *CTD-Diver*) 的电导率范围。
监测点	Diver 设定的监测点。
取样方法	取样方法，如固定的，基于时间的，用户自定义抽水测试。
取样间隔	两次连续测量的时间间隔。
记录间隔	两次连续存储测量值的时间间隔。

图 2 – 14　读取 CTD-Diver 设置

2.2.5.3 无效的 CTD-Diver 信息

其他的数据记录管理软件，如 Enviromon，可以用来更改指定 CTD-Diver 的存储压强范围。然而，重要的是 Diver-Office 读取正确的压强范围，因为压强计算基于该值。也就是说，如果读取了无效的压强范围，Diver-Office 将不能正确地计算压强值。每次读取 CTD-Diver 设置本身时，Diver-Office 会自动验证压强范围，以确保其与相应 CTD-Diver 类型的预期值相匹配。若 Diver-Office 检测到无效的压强，将会出现如图2 – 15 所示对话框。

图 2 – 15　无效压强界面

在图 2 – 15 的对话框中，所读取的 CTD-Diver 压力范围设置为 100 cm。Diver-Office 检测到该值无效，并要求从 CTD-Diver 的列表中进行选择。从列表中选择合适的 CTD-Diver 并单击"选择"按钮。请记住，CTD-Diver 的产品型号刻于 CTD-Diver 的包装上。接下来 Diver-Office 将会在数据库中保存正确的压强范围，以备今后查用。若在列表中意外选择了错误的 CTD-Diver，从项目中删除 CTD-Diver 监测点，然后重新读取 CTD-Diver 的设置，将会出现该对话框进行提示，这时可以选择正确的 CTD-Diver。

2.2.5.4　编辑 CTD-Diver 的设置

读取 CTD-Diver 的设置后，可以更改和编辑下面的设置：监测点（monitoring point）、取样方式（sample method）、取样间隔（sample interval）、海拔（altitude）（如果适用）和电导率范围（conductivity range）。详细描述如下。

定义 CTD-Diver 的设置后，单击"编辑"按钮保存设置至 CTD-Diver。

（1）监测点（monitoring point）。监测点是根据 CTD-Diver 的实际地点来命名的唯一 CTD-Diver 名称，也就是指定的测井。因为监测点名称将被

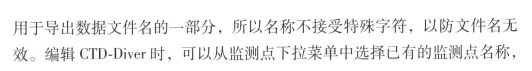

用于导出数据文件名的一部分，所以名称不接受特殊字符，以防文件名无效。编辑 CTD-Diver 时，可以从监测点下拉菜单中选择已有的监测点名称，或输入新的名称进行命名。

（2）取样方式和取样间隔。取样方式可以是固定值法（Fixed）、基于事件法（Event Based）、求均值法（Averaging）（仅适用于 Micro-Diver 和 Cera-Diver），预先设定的抽水测试设置（设置 A，B 或 C），或用户自定义（User Defined）（仅适用于 Micro-Diver 和 Cera-Diver）。

（3）海拔（Altitude）。输入该 CTD-Diver 点的海拔高度。这只适用于 TD-Divers 和 CTD-Divers。输入的数据需要与 Diver 设置的单位相同，例如米或英尺。输入范围必须介于 – 300 ～3000 m 之间。

（4）电导率范围（Conductivity Range）。对于 CTD-Diver DI-263，读取 CTD-Diver 设置时会在监测点设置（Monitoring Point settings）对话框中出现两个附加区域（图 2 – 16）。

图 2 – 16　电导率设置界面

对于电导率范围，选择 80.00 ms/cm 或 30.00 ms/cm。在相邻的下拉菜单中，选择"1. 电导率（Conductivity）"或"2. 特定电导率（Special Conductivity）"。可参阅 CTD-Diver 用户手册获取更多关于这些设置的信息。

2.2.5.5　下载 CTD-Diver 数据

单击"数据"按钮下载 CTD-Diver 记录的数据。数据下载过程由进程条显示。若在项目设置时选择该选项，则数据下载完成后将被导出，接下来，程序会跳转至树形视图，并可以选择下载的时间序列，同时显示数据图表。

（1）气压补偿。CTD-Diver 通过高度精确的压力传感器测量绝对压强来得到地下水位。该压强值等于测量仪器上部的水柱压力加上相对大气

压。从绝对压强测量值减去气压测量值即可对气压变化进行补偿。这项功能可以通过使用 Diver-Office 方便快捷地实现。

若气压值没有和水位值同时测量，则气压补偿过程将对气压值进行线性插值。气压取样间隔无需与所补偿的 CTD-Diver 测量值一致，只需要记录气压的变化范围即可。使用每 30 分钟采样一次的固定值法取样较好。

CTD-Diver 相对于 CTD-Diver 本身测量地下水位，也就是说，测量其上的水柱高度。而 Diver-Office 允许用外部基准面来表示水位，例如垂向基准面、井口高度等。

（2）气压补偿方式。水位可以通过以下三种方法进行补偿和表示：

- CTD-Diver 上部水柱高度。
- 相对于井口高度（ToC）。
- 相对于垂直参考面。

这三种不同的方式可以用图 2-17 来描述。在后两种方式中，必须给出电缆长度或使用手动测量值〔现有条件只使用方式（a）进行气压补偿〕。

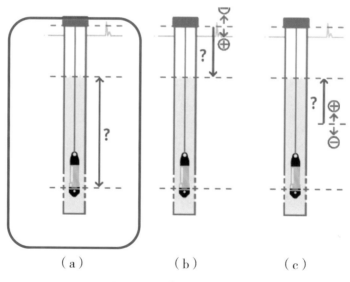

（a）　　　　（b）　　　　（c）

图 2-17　气压补偿方式

注：相对于垂直参考面或井口高度，水柱的正负号方向将发生改变。水位低于井口高度时为正值，水位高于垂直参考面时为正值。手动测量值也同样，水位高于井口高度时，手动测量值为负。

（3）补偿数据。气压补偿（barometric compensation）可以通过以下两种方式实现：从项目树的时间序列数据节点开始或数据对话框开始。

1）从项目树节点开始。要从项目树中补偿时间序列数据，只需用右键单击所需的时间序列，并从弹出的菜单中选择"补偿（Compensate）"即可（图2–18）。

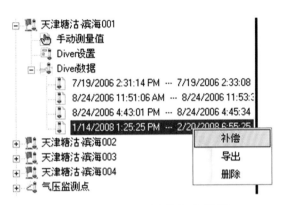

图2–18　项目树节点内补偿

2）从数据对话框开始。要从数据对话框中补偿时间序列数据：

- 选择"查看（View）/数据（Data）"，或单击"CTRL + A"。
- 通过选中相邻的选框，在表格中选择所需的时间序列数据。
- 单击"气压补偿（Baro. Comp）"按钮。

在这两种情况下，都将打开气压补偿对话框（图2–19）。

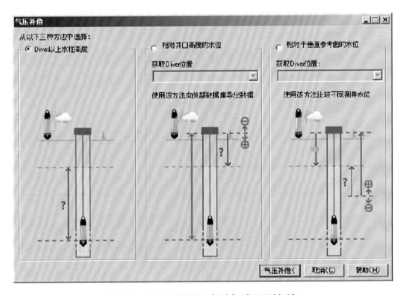

图2–19　数据对话框气压补偿

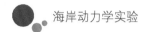
在这里可以选择合适的气压补偿方式，选择后单击"气压补偿（Baro. Comp）"按钮。

（4）气压补偿结果。气压补偿结果将保存在气压补偿日志（Barometric Compensation Log）中。当尝试补偿时间序列数据时将打开该日志（图 2 – 20）。

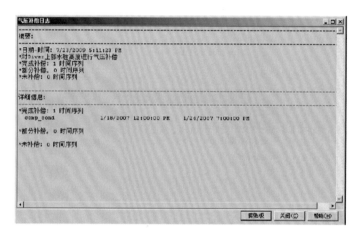

图 2 – 20　气压补偿日志

对于每一所选的时间序列，该气压补偿日志包含补偿的日期和时间、补偿方式和补偿结果（即完成补偿、部分补偿、未补偿）等。

在气压补偿日志中，会显示六种可能的结果，如图 2 – 21、图 2 – 22 所示。

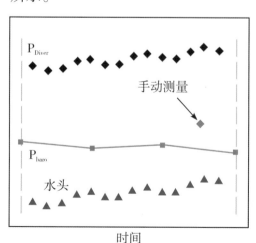

图 2 – 21　气压补偿结果：完成补偿或部分补偿

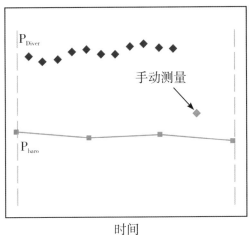

（a）手动测量值不在 CTD-Diver 时间序列中

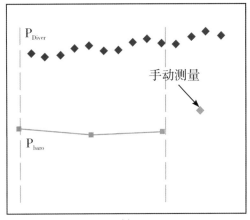

（b）手动测量值不在气压时间序列中

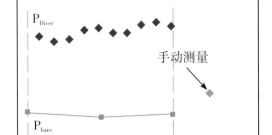

（c）手动测量值不在 CTD-Diver 时间
序列及气压时间序列中

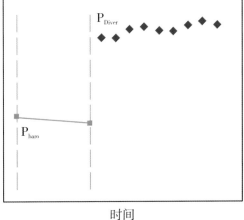

（d）CTD-Diver 时间序列与气压时间序列
无重叠部分

图 2－22　气压补偿结果：未补偿的情况

2.3　实验内容与方法

2.3.1　实验仪器布设

布设地点 A（水下）。
布设地点 B（空中）。

2.3.2 实验步骤

（1）检查两个设备采集的样本储存量，若处于饱满状态，应将数据导出或更换设备后再进行实验。

（2）检查电池余量是否足够，并给监测点命名，设置数据记录间隔为 5 s/次后启动仪器。

（3）检查实验地点周围的安全状况，确保在人身以及设备安全的地点进行实验。

（4）用绳索将设备 1、设置 2 绑紧后，将设备 1 放置于地点 A 水下 0.5 m 处测量，设备 2 放置于地点 B 空中（作为气压监测站）。

（5）测量 1 小时后，将设备 1、设置 2 取出，用纸巾擦干设备 1 水分，读取设备 1、设备 2 数据，并进行气压校正。

（6）读取测量数据并进行处理（图 2 - 23）。

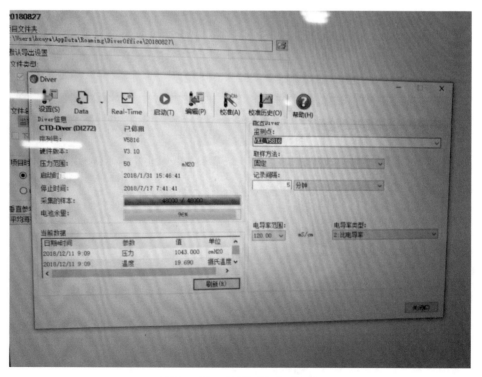

图 2 - 23　读取 Diver 界面

2.4 数据处理及分析

2.4.1 潮汐调和分析理论

潮汐是海水受月球和太阳等天体的引潮力作用而呈现周期性变化的典型现象，掌握其变化规律并作出预测对海洋及近岸工程建设、航道港口开发及海洋防灾减灾等具有重要的指导意义。调和分析（Harmonic Analysis）是将一个复杂的周期性振动线性分解为多个简谐振动。对于主要由月球和太阳引起的周期性潮汐现象也可线性分解为多个假想天体引起的简单潮波振动，将潮位变化过程曲线近似地用多个余弦曲线叠加来表示，即潮位波动由多个振幅、周期和相位不同的分潮波叠加而成。根据某潮位站的长期潮位观测数据，将潮位曲线分解为各分潮的余弦曲线，计算得到各分潮的振幅和相位，这种方法叫做潮汐调和分析。每个站点设定的各分潮振幅和相位理论上不随时间变化。采用大量潮汐观测数据进行潮汐调和分析不仅可用来解释海洋的潮汐现象，同时可用于分析平均海平面的变化以及进行潮汐预报，为海洋及近岸工程实践提供技术支撑。

实际的潮位信号可表示为平均海面、潮高和随机扰动因子的组合：

$$Z(t) = A_0 \sum_{t=1}^{N} f_i H_i \cos \left[\sigma_i t + (V_i + U_i) - g_i \right] + r(t) \qquad (2-3)$$

式中，$Z(t)$ 是某站点 t 时刻的实测潮位，H_i 是分潮的平均振幅，A_0 是观测时段的平均海平面高度，N 是总的分潮数，σ_i 是分潮的角速率，$(V_i + U_i)$ 是分潮的天文迟角，g_i 为分潮的区时专用迟角；f_i、U_i 是交点因子与交点订正角，是月球轨道变化对振幅与迟角的订正；$r(t)$ 是潮位观测时的误差。H_i 和 g_i 合称为分潮的调和常数。一般而言，调和常数 H 和 g 是由当地海区的地形、水深及沿海廓线等自然因素共同决定的。

理论上，天文分潮数目可达到数千个，提取的分潮数量越多，计算精度越高；但实际上大部分分潮的振幅很小，可以忽略不计。实际潮汐分析仅选取主要的分潮进行分析，比如太阴半日分潮 M_2、太阳半日分潮 S_2、太阴太阳赤纬日分潮 K_1 和太阴日分潮 O_1 等。

2.4.2 潮汐调和分析实例

本实例资料来源于夏威夷大学海平面中心（University of Hawaii Sea Level Center）提供的中国 6 个长期验潮站，包括厦门、汕尾、阳江闸坡、海口、海南东方和北海（图 2 - 24），1997 年的逐时潮位数据。其中，厦门验潮站潮汐类型为正规半日潮，汕尾和闸坡为不规则半日潮，海口、东方和北海为正规日潮，各验潮站的实测逐时潮位过程曲线如图2 - 25 所示。

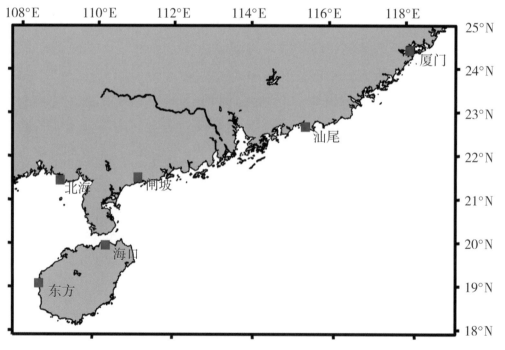

图 2 - 24 6 个验潮站位置

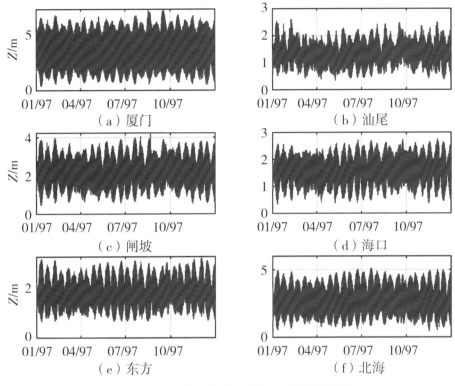

图2-25　6个验潮站实测逐时潮位过程线

使用基于 MATLAB 编写的 T_TIDE 工具箱进潮汐调和分析，得到中国 6 个验潮站的 4 个主要分潮（即 M_2、S_2、K_1 和 O_1）振幅和迟角。基于计算得到的 4 个主要分潮振幅可计算 6 个验潮站的潮汐类型指标值，即 $F = (H_{K1} + H_{O1}) / (H_{M2} + H_{S2})$。结果如表 2-2 所示。

表2-2　6个验潮站1997年逐时潮位调和分析结果

站点	M_2		S_2		K_1		O_1		F
	振幅	迟角	振幅	迟角	振幅	迟角	振幅	迟角	
厦门	1.84	120.13	0.53	164.30	0.34	160.88	0.28	125.66	0.26
汕尾	0.28	29.07	0.11	67.54	0.33	193.21	0.26	126.73	1.51
闸坡	0.66	60.35	0.28	92.04	0.41	193.07	0.35	152.28	0.81
海口	0.25	23.95	0.13	82.15	0.43	337.13	0.53	282.32	2.51
东方	0.20	189.33	0.06	240.03	0.56	312.35	0.66	259.42	4.82
北海	0.51	307.52	0.12	356.56	0.95	335.45	1.03	280.55	3.18

T_TIDE 工具箱的核心函数是 t_tide 和 t_predic，下面举例来简要说一下这两个函数的使用（MATLAB 代码见附录 2）。

（1）函数 t_tide。

$[name, f, tidecon, xout, z0] = t\_tide(scs\_elev, ...$

'interval', 1, ...   % 数据采样间隔

'start', scs_time(1), ...   % 起始时间

'latitude', lat, ...   % 验潮站纬度

'inference', infername, inferfrom, infamp, infphase, ... % 推理分潮

'shallow', 'M10', ...   % 添加浅水分潮 M10

'error', 'linear', ...   % 误差分析类型

'synthesis', 1);   % 置信区间水平采用信噪比为 1

输入参数介绍：scs_elev 是调和分析所用的潮位时间序列，interval 为 1 表示数据间隔为 1 个小时，latitude 为验潮站的纬度，start 表示潮位时间序列的起始时间，inference 提供因数据量不足需要推理得到其他分潮所用的参数，shallow 表示需要人为添加的浅水分潮，error 用于提供误差分析的方法，synthesis 用于提供计算置信区间水平所用的信噪比指标值。

输出参数介绍：name 为调和分析得到的分潮名称，分潮个数取决于数据长度，一般时间序列越长得到的分潮数目越多；f 为分潮的角速率（°/h）；tidecon 为调和分析计算结果，其中第一列为分潮振幅，第二列为置信度为 95% 的分潮振幅误差，第三列为分潮迟角，第四列为置信度为 95% 的分潮迟角误差；xout 为未加上平均海平面的调和分析预报水位；z0 为计算时段内的平均海平面。注意，原 t_tide 函数并没有输出平均海平面，要输出该参数须对函数做以下修改：①function [nameu, fu, tidecon, xout, z0] = t_tide (xin, varargin)；②同时修改 726 行，改为 case {0, 3, 4, 5}。

（2）函数 t_predic。

pout = t_predic(datexp, name, f, tidecon, ... % t_tide 函数计算得到的调和分析信息

'latitude',lat,…　　　　　% 验潮站纬度

'synthesis',1）;　　　　　% 置信区间水平采用信噪比为 1

输入参数介绍：datexp 是需要进行预报的潮位时间序列，name、f、tidecon 为通过 t_tide 函数计算得到的调和分析参数（见 t_tide 函数说明），latitude 为验潮站的纬度，synthesis 用于提供计算置信区间水平所用的信噪比指标值。

输出参数介绍：pout 为通过调和分析得到的预报水位序列，注意，该序列需要加上平均海平面参数 Z_0 才是实际的潮位。

通过该示例可得，图2-26、图2-27分别为6个验潮站调和分析结果的率定和潮位预报。

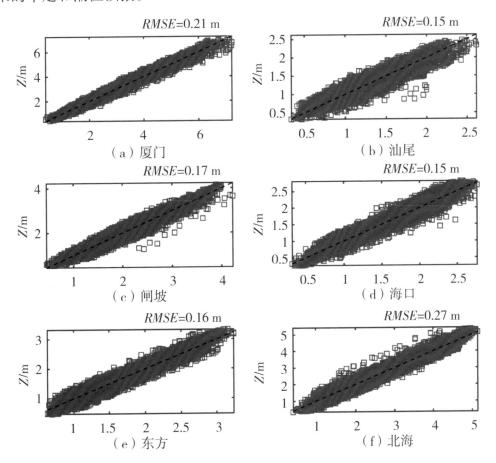

图2-26　6个验潮站实测潮位与调和分析预测潮位对比

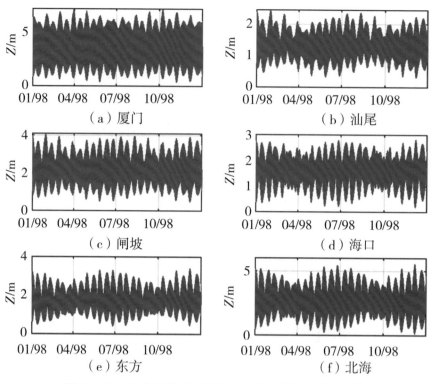

图 2-27 6 个验潮站 1998 年的逐时潮位预测曲线

2.5 实验成果及要求

（1）记录整理测量的实验数据，根据潮汐调和分析方法，得到主要分潮的振幅和迟角，并初步判定测量区域的潮汐类型。

（2）基于主要分潮的振幅和迟角信息，绘制潮位预测曲线，指出哪些时段是大潮，哪些时段是小潮。

（3）采用频谱分析法，提取潮位时间序列的主要频率、振幅和相位信息。

2.6 分析思考题

（1）为什么 CTD-Diver 测量的水位数据需要进行气压校正？请描述校正的基本步骤和原理。

（2）如何通过调和分析所得调和常数进行潮汐分类？

（3）河口海岸地区验潮站的选址条件是什么？

（4）根据实测水位数据能探讨哪些时间尺度的潮汐变化？

（5）如何通过调和常数计算研究区域的潮波传播速度和衰减/增大率？

附录 2   MATLAB 调和分析示例

```
% 调和分析工具箱 t_tide 和 t_predic 演示例子
close all
clc,clear
%% 加载数据
stat = {'376','641','635','638','637','636'}; % 验潮站编号
dt = 'h'; % 验潮站时间间隔为小时
IDwater = 'a'; % 年份标志
index = '97'; % 年份
runmode = 'dat'; % 数据类型
lat = [24.45,22.75,21.583,20.017,19.1,21.483]; % 验潮站纬度
for j = 1:6 % 6 个验潮站
IDwat = stat{j};
file = [dt IDwat IDwater index '.dat']; % 数据文件名称
```

```
X = load( [ file ] ) ; % 加载数据文件
date01 = datenum( [ 1997 , 1 , 1 , 0 , 0 , 0 ] ) ;
date02 = datenum( [ 1997 , 12 , 31 , 0 , 0 , 0 ] ) ;
total_day = date02 - date01 + 1 ; % 计算总的天数
total_hour = total_day * 24 ; % 计算需要插值的小时数
datexp = linspace( date01 , date02 , total_hour ) ; % 插值得到时间序列
X = reshape( X' , [ 1 , total_hour ] ) ; % 原始实测逐时潮位序列
tem = find( X = = 9999 ) ; % 找出潮位数据为 9999 的位置
X( tem ) = nan ; % 数据为 9999 的潮位设为 nan
scs_elev = X . / 1000 ; % 调和分析所用的潮位序列
scs_time = datexp' ; % 调和分析所用的时间序列
elev( : , j ) = scs_elev ;
%% 调和分析工具箱 ttide 使用
infername = [ 'P1' ; 'K2' ] ; % 因数据量不足需要推理的分潮
inferfrom = [ 'K1' ; 'S2' ] ; % 用于推理的分潮
infamp = [ . 33093 ; . 27215 ] ;
infphase = [ - 7 . 07 ; - 22 . 40 ] ;
[ name , f , tidecon , xout( : , j ) , z0( j ) ] = ttide( scs_elev , ...
'interval' , 1 , ...                          % 数据采样间隔
'start' , scs_time( 1 ) , ...                 % 起始时间
'latitude' , lat( j ) , ...                   % 验潮站纬度
'inference' , infername , inferfrom , infamp , infphase , ...   % 推理分潮
'shallow' , 'M10' , ...                       % 添加浅水分潮 M10
'error' , 'linear' , ...                      % 误差分析类型
'synthesis' , 1 ) ;                           % 置信区间水平采用信噪比为 1
%% 将数据输出至 excel 表格
inte = ( j - 1 ) * 3 + 1 ;
name = cellstr( name ) ;
[ x1 , y1 ] = find( strcmp( name , 'M2' ) ) ; % 匹配 M2 分潮
[ x2 , y2 ] = find( strcmp( name , 'S2' ) ) ; % 匹配 S2 分潮
```

```
[x3,y3] = find(strcmp(name,'K1')); % 匹配 K1 分潮
[x4,y4] = find(strcmp(name,'O1')); % 匹配 O1 分潮
nam = [name(x1), name(x2), name(x3), name(x4)];
rang1 = ['a',num2str(inte),':d',num2str(inte)];
xlswrite('调和常数. xlsx',nam,rang1,1);
aa(j,:) = [tidecon(x1,1), tidecon(x2,1), tidecon(x3,1), tidecon(x4,1)];
rang1 = ['a',num2str(inte+1),':d',num2str(inte+1)];
xlswrite('调和常数. xlsx',aa(j,:),rang1,1);
bb(j,:) = [tidecon(x1,3), tidecon(x2,3), tidecon(x3,3), tidecon(x4,3)];
range2 = ['a',num2str(inte+2),':d',num2str(inte+2)];
xlswrite('调和常数. xlsx',bb(j,:),range2,1);
%% 计算需要潮汐预报的时间段
datexp = [];
date01 = datenum([1998,1,1,0,0,0]);
date02 = datenum([1998,12,31,0,0,0]);
total_day = date02 - date01 + 1; % 计算总的天数
total_hour = total_day * 24; % 计算需要插值的小时数
datexp = linspace(date01,date02,total_hour); % 插值得到时间序列
%% 调和分析工具箱 t_predic 使用
pout(:,j) = t_predic(datexp,name,f,tidecon,...% t_tide 函数计算得到的调和分析信息
'latitude',lat(j),...% 验潮站纬度
'synthesis',1); % 置信区间水平采用信噪比为 1
POUT(:,j) = pout(:,j) + z0(j); % 预报水位序列
end
%% 画图:调和分析率定验证
figure1 = figure;
subplot(321)
```

51

```
RMSE_wt = sqrt(nanmean((elev(:,1) - ELEV(:,1)).^2));
m = min(elev(:,1)); M = max(elev(:,1));
xx = m:(M - m)/2:M;
plot(elev(:,1),ELEV(:,1),'s',...
'MarkerEdgeColor','b','MarkerFaceColor','none')
hold on
plot(xx,xx,'--k')
axis tight
ylabel('预测值\itZ\rm (m)')
title(['(a)厦门 RMSE = ',num2str(RMSE_wt,2),' m'])
%%
subplot(322)
RMSE_wt = sqrt(nanmean((elev(:,2) - ELEV(:,2)).^2));
m = min(elev(:,2)); M = max(elev(:,2));
xx = m:(M - m)/2:M;
plot(elev(:,2),ELEV(:,2),'s',...
'MarkerEdgeColor','b','MarkerFaceColor','none')
hold on
plot(xx,xx,'--k')
axis tight
ylabel('预测值 \itZ\rm (m)')
title(['(b)汕尾 RMSE = ',num2str(RMSE_wt,2),' m'])
%%
subplot(323)
RMSE_wt = sqrt(nanmean((elev(:,3) - ELEV(:,3)).^2));
m = min(elev(:,3)); M = max(elev(:,3));
xx = m:(M - m)/2:M;
plot(elev(:,3),ELEV(:,3),'s',...
'MarkerEdgeColor','b','MarkerFaceColor','none')
hold on
```

```matlab
plot(xx,xx,'--k')
axis tight
ylabel('预测值 \itZ\rm (m)')
title(['(c)闸坡 RMSE =',num2str(RMSE_wt,2),' m'])
%%
subplot(324)
RMSE_wt = sqrt(nanmean((elev(:,4)-ELEV(:,4)).^2));
m = min(elev(:,4)); M = max(elev(:,4));
xx = m:(M-m)/2:M;
plot(elev(:,4),ELEV(:,4),'s',...
'MarkerEdgeColor','b','MarkerFaceColor','none')
hold on
plot(xx,xx,'--k')
axis tight
ylabel('预测值 \itZ\rm (m)')
title(['(d)海口 RMSE =',num2str(RMSE_wt,2),' m'])
%%
subplot(325)
RMSE_wt = sqrt(nanmean((elev(:,5)-ELEV(:,5)).^2));
m = min(elev(:,5)); M = max(elev(:,5));
xx = m:(M-m)/2:M;
plot(elev(:,5),ELEV(:,5),'s',...
'MarkerEdgeColor','b','MarkerFaceColor','none')
hold on
plot(xx,xx,'--k')
axis tight
xlabel('实测值 \itZ\rm (m)')
ylabel('预测值 \itZ\rm (m)')
title(['(e)东方 RMSE =',num2str(RMSE_wt,2),' m'])
%%
```

```
subplot(326)
RMSE_wt = sqrt(nanmean((elev(:,6)-ELEV(:,6)).^2));
m = min(elev(:,6)); M = max(elev(:,6));
xx = m:(M-m)/2:M;
plot(elev(:,6),ELEV(:,6),'s',...
'MarkerEdgeColor','b','MarkerFaceColor','none')
hold on
plot(xx,xx,'--k')
axis tight
xlabel('实测值 \itZ\rm (m)')
ylabel('预测值 \itZ\rm (m)')
title(['(f)北海 RMSE = ',num2str(RMSE_wt,2),' m'])
%% 画图:调和分析潮位预报
figure2 = figure;
subplot(321)
plot(datexp,POUT(:,1),'-b')
grid on
xlim([min(datexp) max(datexp)])
ylabel('\itZ\rm/m')
datetick('x','mm/yy','keeplimits')
title('(a) 厦门')
subplot(322)
plot(datexp,POUT(:,2),'-b')
grid on
xlim([min(datexp) max(datexp)])
datetick('x','mm/yy','keeplimits')
title('(b) 汕尾')
subplot(323)
plot(datexp,POUT(:,3),'-b')
grid on
```

```
xlim([min(datexp) max(datexp)])
ylabel('\itZ\rm/m')
datetick('x','mm/yy','keeplimits')
title('(c) 闸坡')
subplot(324)
plot(datexp,POUT(:,4),'-b')
grid on
xlim([min(datexp) max(datexp)])
datetick('x','mm/yy','keeplimits')
title('(d) 海口')
subplot(325)
plot(datexp,POUT(:,5),'-b')
grid on
xlim([min(datexp) max(datexp)])
xlabel('时间')
ylabel('\itZ\rm/m')
datetick('x','mm/yy','keeplimits')
title('(e) 东方')
subplot(326)
plot(datexp,POUT(:,6),'-b')
grid on
xlim([min(datexp) max(datexp)])
xlabel('时间')
datetick('x','mm/yy','keeplimits')
title('(f) 北海')
```

3 OBS 温盐浊度测量及数据处理实验

3.1 实验目的

温度、盐度、浊度是海岸环境中非常重要的参数，是描述海岸悬移质泥沙运动、海水物理性质及其相关海水运动的重要指标参数。OBS 是河口海岸地区常用来测量温度、盐度、浊度的光学仪器，其测量数据是分析河口海岸含沙量及温度、盐度特征变化的基础。本实验的目的为：

（1）掌握 OBS 测量原理及步骤。

（2）掌握 OBS 测量方法。

（3）掌握 OBS 数据处理方法，并针对具体河口海岸环境进行分析。

3.2 实验装置与测量原理

3.2.1 实验装置

OBS-3A 是一个将 OBS 探头与压力、温度和盐度传感器集成在一起的观测仪器（图 3－1），由浊度计探头及后处理单元组成。OBS-3A 浊度计探头的工作原理是，向水中发射一束近红外光，检测由水中悬浮物散射回来的光强度。假设一个较简单的光线在水体中的透射模式为 $a+b=c$，其中，c 为衰减率，a 和 b 分别为吸收率和散射率。光束传感到水中，分别被吸收和散射，其中散射又可按散射角分为前向散射（$<90°$）、$90°$散射和后向散射（$>90°$）。从理论上讲，探测吸收量和散射量均可测量浊度。按照探测光线的不同，可以分为射束透明度仪（吸收）和散射计。OBS 传感器由若干小型散射计组成，主要探测散射角在 140°～160°之间的红外光。之所以选择红外线，是因为红外辐射在水中衰减率较高，太阳光中的红外部分完全为水体所衰减，这样 OBS 近距离发射光束，并接收后向散射量。OBS 探头中的红外传感器由 1 个高效红外发射二极管、4 个光敏接收管和 1 个线性固态温度传感器组成。红外发射二极管在驱动器作用下发射一个与轴平面成 50°、与发射面成 30°的圆锥体光束。红外光束遇到悬浮颗粒后发生散射，红外接收管接收 140°～160°之间的散射信号，并将散射信号送至 A/D 转接器，将模拟信号转换成数字信号。然后由计算机对转换成的数字信号进行采集，按照 OBS 浊度计的测量要求进行处理，处理好的数据通过端口与操作计算机进行通信联系，操作计算机中 OBS-3A 的处理操作软件设置和控制 OBS-3A 的运行方式并进行数据结果处理。

图 3 - 1　OBS-3A 浊度计外观

　　OBS 测量得到的数值是水体悬浮颗粒的浊度值，这种浊度值校准在仪器出厂时已经过严格的校正。通常是用 4000 FTU（Formazin Turbidity Unit）的浊度校准液，通过稀释而得到不同的浊度校准。用 FORMAZIN 浊度标定液来校正得到 FTU 值，用 AEP_I 标定液得到 NTU（Nephelometry Turbidity Unit）值。由于 OBS 测得的数据是一个浊度值（NTU），需要经过泥沙校准才能得到水体泥沙实际浓度值。泥沙校准可分为现场泥沙标定和室内泥沙标定两种方法。

　　OBS-3A 使用热敏探头来测量温度，通过半导压力传感器来测量压力，通过四电极电导池来测量电导。

3.2.2 基本设置

首先将仪器装上电池,仪器盖上涂上硅胶并拧紧螺丝来进行仪器密封,通过 USB 接口将仪器与电脑连接,然后借助于 OBS-3A 操作软件来进行测量参数设置。具体步骤如下。

(1)打开 OBS-3A 软件,设置数据存放路径。双击图标打开软件时,会提示设置数据存放路径和文件名,单击"是"按仪器自动生成路径存放;单击"否",修改文件存放路径和文件名。建议设置测量文件的具体位置及文件名,不建议设置在 C 盘。

(2)设置端口和仪器波特率。进入软件后,单击图 3 – 2 框内的按钮,打开端口设置和仪器波特率设置对话框,设置对话框中的端口号 Port(在电脑中的设备管理器查看端口号)和波特率 Baud。每台 OBS 的波特率不一样,如不知道,需要逐个波特率去测试(图 3 – 3)。设置好后单击"确定"回到软件主界面。

图 3 – 2 端口设置图标

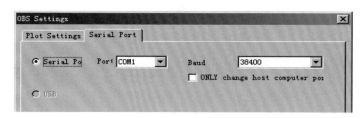

图 3 – 3 OBS 端口设置

(3)检查仪器是否连通。设置好端口和波特率后,在软件主界面单击图 3 – 4 中框内按钮,使图标从"红灯"变成"绿灯",之后单击"红绿灯控制"按钮左侧的控制台按钮,打开控制台(紫色框),进行连接测试。如图 3 – 5 所示,在控制台单击"Send"按钮,如出现"OBS >"符号,则表示仪器连通;如果没有出现,则表示仪器没有连通,此时检查数据线和电池是否正常，若正常则可能是仪器波特率或端口设置不对或端口连接不畅。重复第（2）步和第（3）步，直到仪器连通，出现"OBS >"符号。

图 3 - 4　连通设置图标

图 3 - 5　OBS 连接设置

（4）空气压力校准。在仪器入水之前，要对 OBS 进行空气压力校准。校准方法有两种：第一种方法是在"OBS-3A"菜单下，单击"Barometric Correction"；第二种方法是在控制台输入"ap"命令，然后单击"Send"。

（5）设置仪器时间与电脑同步。单击软件主界面中的设置时间按钮，设置 OBS 的时间与电脑同步。

（6）设置测量参数并开始测量。单击软件主界面中的海上船形按钮，打开设置测量参数对话框（图 3 - 6），除图中框内的盐度和水温参数根据各站点的实际情况自行设置外，其他参数（水深、浊度、温度、盐度等）都按图中所示勾选。设置完成后单击"Start Survey"开始测量，仪器开始工作，数据窗口和工作台开始会有数据出来。如电池消耗较快，lines/这一项可设置成 30，即每 2 s 采样一次。OBS 在测量模式时的采样间隔从 1 s 到 60 s，因此根据测量的需要可选择不同的采样间隔，需要测量泥沙波动或做垂线测量，选择较小的采样间隔；长时间测量可以选择较大的时间间隔。测量完成后单击"Stop"按钮，停止工作。

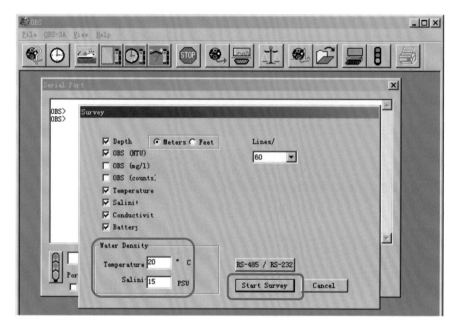

图 3 - 6　OBS 参数设置

3.2.3　数据文件说明

OBS 测量文件 *.log 为文本文件，可随时在电脑上打开查看测量数据，其数据文件内的主要内容说明如下。

- Sensor Data Columns（说明字符）。
- Sensor Statistics（sensor #, Description, Statistic）（说明字符）。

1　　Depth　　　　　　　　Mean（第一个观测要素，水深，第 3 列）

2　　OBS - 1（NTU）　　　Mean（第二个观测要素，浊度，第 4 列）

4　　Temperature（deg C）　Mean（第三个观测要素，温度，第 5 列）

5　　Conductivity（mS/cm）　Mean

8　　Sallinity（PSU）　　　Mean（第五个观测要素，盐度，第 7 列）

9　　Battery（V）　　　　　Mean

08:59:00.0　07/08/2017　0.78　71.6　26.34　0.66　0.31　4.7

08:59:01.0　07/08/2017　0.89　73.5　26.34　0.66　0.31　4.7

行数据说明：时间、水深、浊度、温度、电导率、盐度、电池，1 s 间隔测量，所有时间行数据的格式完全相同。

3.3　实验内容与方法

3.3.1　实验预准备阶段

为保障学生安全，结合距离和时间考虑，以珠海唐家湾海滩及岬角水域为研究海域和测量区域，分小组定点，制订测量方案，包括人员、时间、仪器、测量地点、测量内容、注意事项等。

3.3.2　实验准备阶段

小组成员在实验室进行仪器检查及准备工作。包括检查电脑、OBS，连接配件是否正常；准备安装工具箱；OBS 安装，包括打开 OBS、安装电池、进行密封；连接电脑、OBS，分别按 3.2.2 节步骤进行设置，熟悉连接步骤。

3.3.3　测量方法及步骤

在指定时间内，小组成员带好 OBS 仪器、手提电脑及安装配件、工具箱等到指定地点；小组协调，按实验室安装步骤快速安装好 OBS，并在 OBS 安装架上套好安全绳，连接 OBS 和电脑，确认连接正常后，开始定点测量。由于时间关系，设置测量间隔为 1 s。

测量期间，小组成员要注意检查两项：OBS 是否停止工作、测量数据是否出现物理异常。测量结束时，先在电脑窗口停止测量，然后进行收测工作，卸载仪器，安装配件归位，将仪器带回实验室，进行清洗等。

3.4 数据处理及分析

本节以 2013 年 7 月洪季伶仃洋某点的定点观测数据为例，从 OBS 各要素的时间序列读取方法、分析截取垂向变化或某一层浊度或盐度过程线的绘制方法及剖面图来进行初步数据处理分析。

图 3 - 7 为 OBS 实测各要素的过程线图，包括盐度、浊度、温度、水深随时间的变化。图中 OBS 压力探头所测得的水深显示，在整点时刻，OBS 进行垂向剖面测量；非整点时刻，OBS 基本放置在 2 m 水深位置。盐度的过程变化显示，该测点在落潮时刻为淡水控制，涨潮时盐度逐渐增大到 2 左右。浊度值涨潮时大于落潮时刻，温度也是涨潮阶段大于落潮阶段。总体而言，落潮及低高潮时段为低盐度、低浊度及低温度。提取整点的垂向剖面数据并绘制示意图，结果如图 3 - 8 所示。从图中可进一步看出整个水体温度、盐度、浊度的变化过程，底层浊度高于表层，但盐度和温度的垂向分层弱，表底层混合均匀。

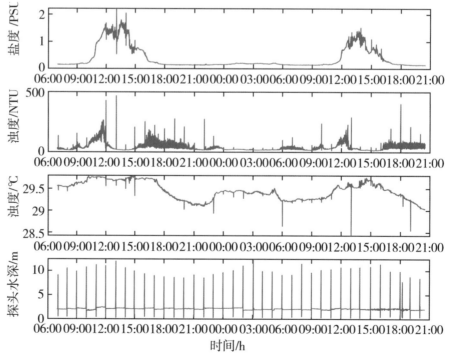

图 3 - 7 OBS 实测的盐度、浊度、温度及水深过程线

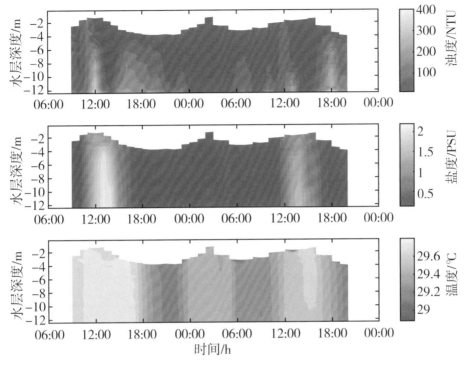

图 3-8 OBS 实测的浊度、盐度、温度剖面过程线

3.5 实验成果及要求

（1）记录整理测量的实验数据，剔除无效数据，建立包括时间、水深、浊度、盐度、温度的数据序列文件。

（2）提取逐时、垂向六层（表层、$0.2H$、$0.4H$、$0.6H$、$0.8H$、底层）剖面数据，要求先对下行剖面和上行剖面数据进行平均。

（3）绘制浊度、温度和盐度剖面等值线图（图 3-8）。

（4）计算垂向平均盐度、温度、浊度，绘制其过程线图。

（5）计算逐时垂向分层系数。

（6）结合图表及统计数据，分析观测点温度、盐度、浊度的时空变化特征，分析其水体垂向混合强弱的变化，探讨浊度与垂向混合的关系。

3.6　分析思考题

（1）为什么要进行空气校正？如果 OBS 入水测量前不进行空气校正，会出现什么结果？

（2）OBS 和电脑一直连接不上，可能原因有哪些？

（3）在垂向拉剖面时为什么海底 OBS 浊度突然出现极大值（比表层大 1~2 个量级）？为什么在表层或者中层也出现异常大值？可能原因有哪些？

（4）河口表层海水盐度一般比底层海水高还是低？为什么？

（5）在唐家湾海域，夏季涨急和落急阶段海水浊度哪个更高？涨平阶段和落平阶段盐度、温度哪个更高？为什么？

附录 3　MATLAB 数据处理源程序

```
clear,clc
close all
%% OBS 实测数据随时间变化
j2 = 0;
fid = fopen('OBS_PRF01_20130724.log','r');
   while ~feof(fid)
      str = fgetl(fid);
      if length(str) < 22
         continue
```

```
        end
    ystr = str( 18 : 21 ) ;
    if strcmp( ystr ,'2013')
        j2 = j2 + 1 ;
        year = str2num( str( 18 : 21 ) ) ;
        hour = str2num( str( 1 : 2 ) ) ; minute = str2num( str( 4 : 5 ) ) ; sec =
        str2num( str( 7 : 10 ) ) ;
        month = str2num( str( 12 : 13 ) ) ; datt = str2num( str( 15 : 16 ) ) ;
        time( j2 ) = datenum( year , month , datt , hour , minute , sec ) ;
        hz ( j2 ) = str2num ( str ( 23 : 30 ) ) ; nsu ( j2 ) = str2num ( str ( 32 :
        39 ) ) ;
        temp ( j2 ) = str2num ( str ( 40 : 48 ) ) ; sal ( j2 ) = str2num ( str( 58 :
        66 ) ) ;
        end
    end
m = find( hz < 0. 2 ) ;
hz( m ) = [ ] ; time( m ) = [ ] ; nsu ( m ) = [ ] ; sal ( m ) = [ ] ; temp ( m ) =
[ ] ; % 剔除露出水面的异常点
figure1 = figure ;
subplot( 4 , 1 , 1 ) , plot( time , sal ) % 原始数据做过程线图
ylabel( '盐度( PSU )')
datetick( 'x' , 15 )
subplot( 4 , 1 , 2 ) , plot( time , nsu )
ylabel( '浊度( NTU )')
datetick( 'x' , 15 )
subplot( 4 , 1 , 3 ) , plot( time , temp )
ylabel( '温度（\circC )')
datetick( 'x' , 15 )
```

```
subplot(4,1,4),plot(time,hz)
ylabel('探头水深（m）')
datetick('x',15)
xlabel('时间（小时）')
% 找出垂向剖面数据,并做剖面图
th = datenum(2013,7,24,9,0,0);% 时间点可调整
hmax = max(hz);dhz = 0.2:0.1:hmax;
j = 0;
  for t = th:1/24:max(time);
      j = j + 1;
      m2 = find(abs(time - t) < 0.2/24);
      [x,m3] = max(hz(m2));num = 600;
      if m2(m3) > num
        ii = m2(m3) - num:m2(m3) + num;
      else
        ii = 1:m2(m3):m2(m3) + num;
      end
tt = time(ii);hh = hz(ii);c = nsu(ii);s = sal(ii);tmp = temp(ii);% 找
到最接近整点的剖面数据点
for k = 1:length(dhz)
    dz1 = dhz(k) - 0.2;dz2 = dhz(k) + 0.2;
    m = find(hh > dz1&hh <= dz2);% 找到最某一水层的 NSU,并求
    平均
      T(j,k) = mean(tt);Dz(j,k) = dhz(k);kk = k;% length(dhz) - k
      +1;dhz(end) -
    if length(m) > 0
      Nsu(j,kk) = mean(c(m));Sal(j,kk) = mean(s(m));Tmp(j,
      kk) = mean(tmp(m));
```

```
    else
        Nsu(j,kk) = nan;Sal(j,kk) = nan;Tmp(j,kk) = nan;% 未在该
    水层找到测量数据
        end
    end
% 下面对垂向数据做进一步的处理,水层内部 NaN 进行插值,水层底
部置换为海底。
m = find( ~ isnan(Nsu(j,:)));n = length(dhz);
for k = 1:m(end)
    if isnan(Nsu(j,k))
        Nsu(j,k) = interp1(dhz(m),Nsu(j,m),dhz(k));
        Sal(j,k) = interp1(dhz(m),Sal(j,m),dhz(k));
        Tmp(j,k) = interp1(dhz(m),Tmp(j,m),dhz(k));
    end
end
i1 = n - m(end);ii1 = 1:i1;ii2 = i1 + 1:n;
Nsu(j,ii2) = Nsu(j,1:m(end));Nsu(j,ii1) = nan;% 置换海底
Sal(j,ii2) = Sal(j,1:m(end));Sal(j,ii1) = nan;
Tmp(j,ii2) = Tmp(j,1:m(end));Tmp(j,ii1) = nan;
clear tt c s tmp
end
%% OBS 实测数据剖面变化
figure2 = figure;
subplot(3,1,1)
colormap(summer)
contourf(T, - Dz,Nsu,'linestyle','none')
ylabel('水层深度(m)')
datetick('x',15)
```

```
c = colorbar;
c. Label. String = '浊度（NTU）'
subplot(3,1,2)
colormap(summer)
contourf(T, – Dz,Sal,'linestyle','none')
ylabel('水层深度(m)')
datetick('x',15)
c = colorbar;
c. Label. String = '盐度（PSU）';
subplot(3,1,3)
colormap(summer)
contourf(T, – Dz,Tmp,'linestyle','none')
datetick('x',15)
ylabel('水层深度(m)')
xlabel('时间（小时）')
c = colorbar;
c. Label. String = '温度（\circC）';
```

4 ADCP 测流实验

4.1 实验目的

流速、流向及流量是描述河口海岸水体运动的直接指标参数。ADCP可在设置的时间间隔（时间由测量文件给出）内测量某点垂向多层的流速流向或各流速分量、声强信号，是河口海岸地区常用来测量流速流向的声学仪器，其测量数据是分析河口海岸动力特征及变化的基础。本次实验的目的为：

（1）掌握 ADCP 测量原理及步骤。

（2）掌握 ADCP 测量方法。

（3）掌握 ADCP 数据处理方法，比如 ADCP 流速、声强的读取方法，通过声强信号提取有效流速的方法，通过构建流速时间序列掌握某一层流速过程线的绘制方法及流速剖面图的绘制方法等，并针对具体河口海岸环境进行分析。

4.2 实验装置与测量原理

4.2.1 实验装置

ADCP 是 20 世纪 80 年代初发展起来的一种测流设备。ADCP 能直接测出垂向断面的流速剖面，具有不扰动流场、测验历时短、测速范围大

 海岸动力学实验

等特点。目前被广泛用于海洋和河口的流场结构调查、流速和流量测验等。

4.2.2 工作原理

ADCP 利用多普勒效应进行流速测量，突破了传统机械转动的流速测量方式，用声波换能器作传感器，换能器发射声脉冲波，声脉冲波通过水体中不均匀分布的泥沙颗粒、浮游生物等反射、散射体进行反射和散射，由换能器接收反射、散射信号，经测定多普勒频移而测算出流速。

ADCP 发射的声音是在超声波的范围内（大于 25 kHz，远远大于人耳听力范围），通过细小的泥沙颗粒和其他物体对发射的超声波的反射来应用多普勒原理；即使在看上去是清澈的水体中，泥沙颗粒等物质（统称为反射物）也存在，但如果在海水、河流中，反射物的浓度太低，ADCP 就不适用。ADCP 发送一个声波脉冲进入水体，然后接收水中反射物反射回来的回波，依据回波，ADCP 的内部信号处理单元用自相关（该信号同其后来反射回的信号做比较）的模型计算多普勒频移。由于测量的是一个运动水体，声波发射出去被反射物感知到会产生一次多普勒频移，反射回去的信号被换能器接收又经历一次频移，因此，从发射到接收声波信号会经历两次多普勒频移。

利用多普勒频移频率来测量声源与声音接收者之间的相对速度（若是仪器固定在船上且船只进行定点观察，则相对速度为水流的绝对速度；若船是运动的，则相对速度为水流绝对速度加上船速），公式如下：

$$F_D = F_S\left(\frac{V}{C}\right)$$

式中，F_D 为多普勒频移频率（Hz）；F_S 为静止声源的传输频率（Hz）；C 为声速（m/s）；V 为水流速度（相对速度或绝对速度）（m/s）。

4.2.3 基本操作

在测流前，ADCP 需要先借助于对应的软件进行设置。由于仪器厂家不同及 ADCP 仪器所合成的传感器数目有差异，各类型 ADCP 进行设置的

软件不同，设置参数有些许差异，但重要的步骤都是一致的。下面分别以劳雷公司 RDI ADCP（图 4 - 1）（1200 kHz，600 kHz，300 kHz）和 Nortek 公司的 ADCP 来进行设置演示。

图 4 - 1　RDI ADCP 仪器外观

（1）劳雷公司 RDI ADCP（1200 kHz，600 kHz，300 kHz）的参数设置。

1）连接电脑和仪器并进行自检测。连接仪器电源，并将仪器与电脑连接。打开 BBTalk 软件进行 ADCP 相关配置参数的测试；检测 ADCP 常用命令，包括 PS0（系统基本参数信息）、PA（系统自检）、PC1（外部传感器测试）、PC2（内置传感器测试）、PS3（声束坐标转换矩阵）等。

2）打开设置软件 WinRiver II，进行参数设置。WinRiver II 的设置基本都在"配置"菜单中。

第一步，检查电脑是否检测到仪器的设置。即在"配置"菜单，打开"外围设备"，出现如图 4 - 2 所示的"外围设备配置对话框"，若未包括 ADCP 仪器，则单击"添加"，出现"设备选择对话框"，在其中单击要添加的设备 ADCP，单击"确定"，出现"串口通信设置"对话框（图 4 - 2），将"通信端口"改成所选择设备，如 ADCP 正在使用的端口（在电脑设备管理器中查看端口），波特率 GPS 为 9600，单击"确定"；若未连接上，则需检查端口是否正确，改变波特率进行测试连接。按同样的步骤可以添加 GPS 或罗经等外围设备，直到添加完，关闭"外围设备配置对话框"，进行下一步的参数设置。

图 4-2　电脑连接 ADCP 的参数设置

第二步，设置仪器时间与电脑同步。在"采集"菜单下面，单击"设置 ADCP 时钟"，在设置仪器时间的对话框时，勾选"使用 PC 时间"，单击"OK"按钮，出现如图 4-3 所示的对话框，表明仪器时间设置成功。

图 4-3　ADCP 时钟设置

第三步，开始新测量。进行 ADCP 测量剖面流速的具体参数设置，主要包括测量出一组数据的时间间隔、垂向分辨率（垂向分层数、垂向测量间隔距离），即测量时间和空间分辨率等参数的设置。

在菜单"文件"中单击"新测量"，出现"设置对话框"，根据测量向导，进行一步步的设置。首先进行站点信息设置，这是描述性的内容，如图 4-4 至图 4-8 所示，根据实际测量任务进行填写，然后单击"下一步"，进行"关系曲线信息"设置，若不测量河流剖面，这一项中只添加合适的水温，其他缺省不动，单击"下一步"，进入"配置对话框"选项。在此项中，先单击"检查 ADCP"，待 ADCP 前面的指示灯变为绿色，选择 GPS 前面的复选框，等待 GPS 前面的指示灯也变为绿色。把其余参数按实际情况设置好，其中"换能器入水深度"为仪器换能器在水下的深度，一般为0.5 m（注意：此处单位为 m，数值为正值），风浪大时可放深一些，防止 ADCP 传感器露出水面。"二次底深"指起始水深，用于测河流断面流量，海上定点观测可以填最小水深。"底跟式"（底跟踪模式）有模式 5 和模式 7 两种，选择模式 5。"水跟踪模式"选择模式 1 即可。填好后，进行"输出文件名选项"设置，选择合适的文件名、输出目录等，选择"下一步"，进行"指令预浏览"选项设置。

图 4-4　设置站点信息界面

图 4 - 5　设置关系曲线页面

图 4 - 6　配置对话框界面

图 4 - 7　输出文件名界面

图 4 - 8　ADCP 参数设置示意

"指令预浏览"设置非常重要,是ADCP重要工作参数,如时间、空间采用间隔、垂向分层及层距(空间采样)等进行设置,采用命令形式。大家需熟知一些命令并输入合适的命令,其中如果"固定指令""向导指令""用户指令"冲突,则服从后面的,即"用户指令"命令优先。在"用户指令"中用到的命令有以下三种(不区分大小写):

WP4　　4个水跟踪数据的平均(ADCP四次发射的数据进行平均);

BP4　　4个底跟踪数据的平均(ADCP四次发射的数据进行平均);

EX11111　把地球坐标改为ENU坐标,特别是在使用ADCP内部罗经情况下,一定要设置。

而下面几个命令一定要根据每次测量及仪器参数(表4-1)进行修改:

WS50　　Cell Size(600 kHz设置为0.50 m,1200 kHz为0.25 m);

WN30　　层数,根据水深设定,为最大水深/Cell size+2;

WF25　　盲区,600 kHz为0.25 m,1200 kHz为0.05 m;

ES11　　盐度校准(例如11,根据海域设定)。

表4-1　不同型号ADCP的参数

模式	参数设置	1200 kHz	600 kHz	300 kHz
标准工作模式(模式1)	盲区/m	0.05	0.25	1.00
	最小单元长度/m	0.25	0.50	1.00
	最小剖面深度/m	0.80	1.80	3.50
	最大剖面深度/m	20	75	180
	流速量程/(m·s^{-1})	±3.0(默认)	±3.0(默认)	±5.0(默认)
浅水工作模式(模式11)	盲区/m	0.05	0.25	—
	最小单元长度/m	0.01	0.10	—
	最小剖面深度/m	0.30	0.70	—
	最大剖面深度/m	4.00	8.00	—
	流速量程/(m·s^{-1})	±1.0	±1.0	—

注:模式1适合所有河流,最大流速达20 m/s;模式11为极高分辨率浅水模式,适合浅水低流速河流,流速低于1 m/s,低紊流。

TE0001000 设置采样时间（例如 10 秒钟，格式为"时:分:秒"："00:00:10.00"，命令中不要带冒号和点）。默认采样时间间隔为 TP × WP，因为水深不同，声波反射的时间也不同，会在某一值左右不停地变化。TE 必须大于 TP（两次发射的时间间隔，固有命令 TP00000020 即为 0.2 s 间隔）×WP（要对几次发射的数据进行平均，固有命令 WP1 为 1 s 内数据进行平均），否则按 TP × WP 的实际时间进行记录。若测量中记录不对，则取消该命令，按缺省（每次测量数据都输出）进行记录。

第四步，开始采集、测量。单击"采集""开始发射"，出现命令窗口，开始执行前面设置的"固定指令""向导指令""用户指令"等；直到设置完成后自动结束（这时可以单击"现场配置"检查配置是否正确）。单击菜单"采集""开始断面测量"，出现"开始断面测量"对话框，设置"离岸距离"，单击"确定"。直到数据采集完成后单击菜单"采集""停止断面测量"，出现"结束断面测量"对话框，设置"离岸距离"，单击"确定"。最后单击"采集""停止发射"，结束本次测量。

（2）Nortek ADCP 的参数设置。

1）连接电脑和仪器。与 ADCP 不同，Nortek ADCP 在连接好电源、电脑后可以不进行自检测。

2）打开设置软件 AquaPro，进行参数设置。

第一步，与 ADCP 一致，也是检测电脑是否已经连接上仪器。在"Communication"菜单下单击"Serial Port…"（图 4 – 9），打开设置仪器连接端口和波特率对话框，设置仪器端口和波特率，根据实际情况设置连接仪器的通信端口 Serial Port（即在电脑的设备管理器查询端口名称），仪器的波特率 Bond rate 一般是 9600，设置好后单击"OK"，然后在"Communication"菜单下单击"Connect"（图 4 – 10），测试仪器是否连通。如仪器连通，则会出现如图 4 – 11 所示对话框，显示"Connected"；如果没有，则表示仪器没有连通，需要检查端口、连接线、电池的状况是否正常，改变波特率进行连接测试直至连通仪器。

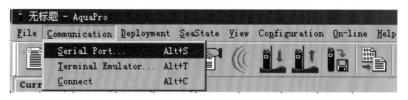

图 4 – 9　设置连接端口

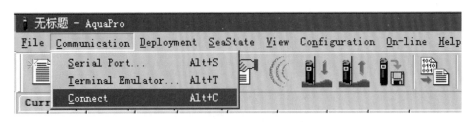

图 4-10　测试仪器是否连通

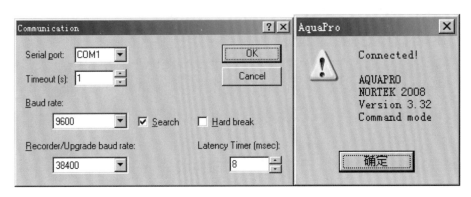

图 4-11　电脑连接 ADCP 的参数设置

第二步，设置仪器时间使之与电脑同步。在 On-line 菜单下，单击"Set Clock"来设置仪器的时间。在设置仪器时间的对话框，勾选"Set clock to PC time"，单击"OK"按钮，出现如图 4-12 所示的对话框，表明仪器时间设置成功。

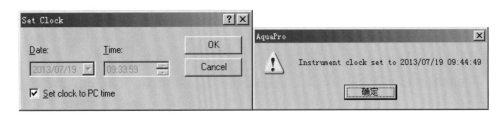

图 4-12　ADCP 时间设置

第三步，进行 ADCP 测量剖面流速的具体参数设置。主要包括测量出一组数据的时间间隔、垂向分辨率（垂向分层数、垂向测量间隔距离），即测量时间和空间分辨率的设置。

单击工具条上的"Configuration"按钮或菜单"Configuration"，如图 4-13 所示，打开设置仪器工作参数对话框，开始设置仪器工作参数。

图 4 - 13   ADCP 工作参数设置

在 "Standard" 设置面板，先设置仪器频率，要根据仪器的具体参数进行设置，1 MHz 的 ADCP 的工作参数设置如图 4 - 14 所示。零盲区 ADCP 的 "Standard" 面板参数的设置稍有不同，在 "Frequency" 这一项要设置成 "1 Mhz"，另外，下面多了一项 "Z-cell size"，这一项设置成 0.5。重点对流速测量参数进行设置，其中，"Profile" 为采样时间间隔，单位为 s，如图中设置为 10 s，"Cell size" 为垂向两层之间的间隔距离，一般根据仪器的最大分辨率来取，不能小于仪器最大分辨间隔。如图 4 - 14 中取 0.5 m，"Number of" 设置 ADCP 垂向测量层数，以测量点位置的最大水深为参考，结合垂向间隔距离来确定，比如图中设置为 40 层，意味着测量点在测量时间内其最大水深不超过 20 m。层数设置过大，会导致垂向无效层数据太多；层数设置过少，又会缺少测量部分垂向（自海面到海底）剖面数据。

（a）"Standard" 面板

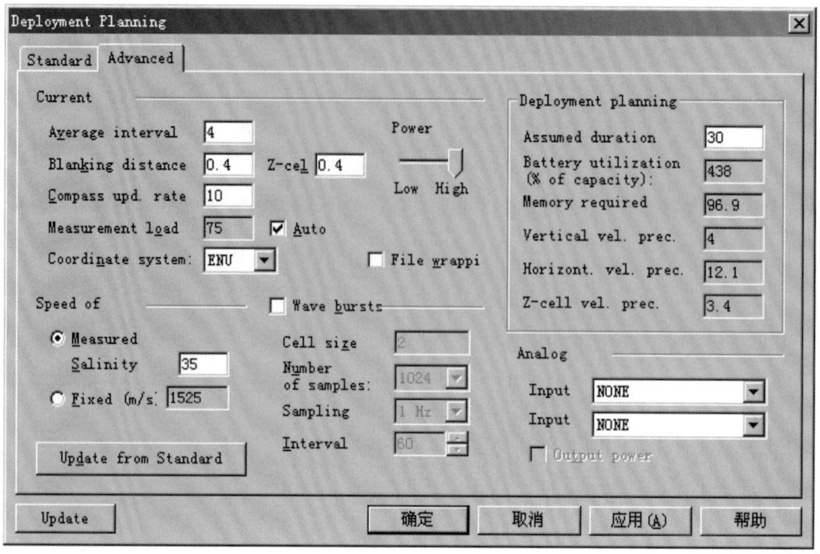

（b）"Advance" 面板

图 4 - 14　ADCP 工作参数设置

"Standard" 面板参数设置好后，勾选 "Use Advanced Setting" 复选框，然后单击 "Advanced"，进入 "Advanced" 设置面板，重点设置 "Average Interval"（记录输出流速数据采用多长时间平均的数据），比如图中记录输出间隔是 10 s，但输出采用 4 s 的测量数据来进行平均；其次，ADCP 和 ADP 一样，垂向上有些水层是测不到的，即存在测量盲区（Blanking distance），不同声学仪器盲区值不同，比如一般 Nortek ADCP 的盲区设为 0.4 m。盐度 "Salinity" 这一项要根据各测点实际情况设置。其他如 Wave burst，若仪器不带该功能，则忽略，不设置；电池采用缺省设置，不用调整。零盲区 ADCP 的 "Advanced" 面板参数只是在盲区这一项多了一个 Z-cell 的设置，这一项设置为 0.4，其他的参数设置与普通 ADCP 一样。单击 "Update"，完成设置，会出现 "仪器设置成功的提示框"，单击 "确定" 即可。

第四步，设置数据存放路径并开始测量。ADCP 实时测量结果可以同步在软件上显示，但必须记录到文件中才能将结果保存，所以开始测量前，必须设置文件名和文件存放路径，当然可以选择缺省路径，但不推荐。单击 "Disk File Data Recording" 设置记录数据存放路径按钮，如图 4 - 15 所示，会出现设置数据存放路径和参数的对话框，数据存放路径可

自行设置，但注意不要存放在 C 盘（系统），如图 4 - 16 所示。文件命名
与其他两个仪器类似，如"ADCP_PRF06_20130722"；文件数据格式可选
择二进制（Binary）、十进制（ASCII）。单击"OK"，完成设置。

图 4 - 15　设置记录数据存放路径图标

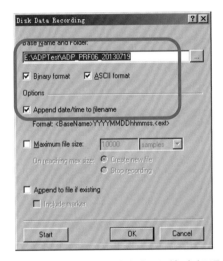

图 4 - 16　测量输出的数据文件路径设置

完成上面的设置后，单击"Start Data Collection"（开始数据采集）按
钮，如图 4 - 17 所示，仪器开始工作后，软件下面的图表会出现仪器采集
的数据和仪器状态的相关信息，这时要注意查一下仪器的状态（图
4 - 18），特别是"Pitch"和"Roll"这两个参数，它们表示仪器的前后和
左右倾斜角度，仪器允许的角度是 20°，但建议不要越过 10°，最好是 5°
以内，防止船摇摆过程中角度增大，数据无效。如果这两个角度太大，要
停止仪器工作，单击"Stop Data Collection"（停止数据采集）按钮（图
4 - 19），调整仪器姿态，直到满足要求再单击"Start Data Collection"按
钮进行测量。

图 4 - 17 开始数据采集图标

图 4 - 18 仪器测量控制按钮及状态参数

图 4 -19 停止数据采集图标

　　需要注意的是，在仪器开始测量后，即软件上显示测量数据后，必须再单击"开始磁盘记录"按钮或菜单"On line"中的"开始磁盘记录"，开始记录数据，这时会在设置的存放数据文件夹下面按设置的文件名生成新的文件。需要经常检查仪器是否工作正常，并查看数据文件是否一直在记录。工作完成后，或中间需要停止仪器时，单击"停止数据采集"按钮，停止仪器工作。

4.2.4　数据文件说明

　　劳雷公司河流型 ADCP 有三个原始测量文件，即 WinRiver II 的核心测量文件（配置文件）"*.mmt"、数据文件"prefix（文件名前缀）_meas

（测量编号）_MMM（断面测次号）_NNN（文件序号）_Date_Time.
PDO"、导航数据文件（为文本文件）。流速等原始数据文件 ∗.PDO 是机
测格式，无法直接打开，须在 WinRiver II 软件中打开测量文件 ∗.mmt，
在菜单"配置"中选择"ASCII 输出""经典 ASCII 输出"，然后在菜单
"回放"选择执行"开始"或"重新处理所有批次"，结果将导出 ∗.ASC
数据文件于同一目录下。∗.ASC 为文本文件，其内部数据要素说明如下：

<u>13 7 22 14 43 18 51</u> 2123 1 5.060 −3.280 355.610

29.600

说明：画线所标注的是年、月、日、时、分、秒，即 2013 年 7 月 22
日 14 时 43 分 18.51 秒。

2.96 −9.80 −19.10 2.50 0.00 0.00 0.00 0.00 <u>2.73</u>

<u>3.03 3.04 2.80</u>

说明：画线所标注的是 4 个探头所测水深，单位为 m。

0.00 0.00 0.00 0.00 0.00

<u>30000.0000000 30000.0000000 −32768 −32768</u> 0.0

说明：画线所标注的是经纬度，如果未配 GPS，则为 30000，−32768
指示海底以下的无效数据。

−0.0 −0.0 −0.0 0.0 0.0 0.0 0.0 0.55 2.05

<u>50</u> cm BT dB 0.42 0.253

说明：画线所标注的为层数，如 50 层。而下面则记录 50 个水层的测
量数据。

0.55 72.50 161.15 23.4 −68.6 −11.9 2.5 83.3 84.1

84.1 82.9 100 2147483647

各数据分别是：水层深度（m），流速（cm/s），流向（度），u、v、
w（cm/s），偏差，四个探头的声强信号强度，有效性（百分比），机测编
号（无意义）。下面 49 层的数据意义相同，其中，到水面下 2.30 m 已经
是海底外的数据，无效 −32768。

0.80 83.17 168.91 16.0 −81.6 −17.7 −4.1 83.4 83.4 83.4 82.6 100 2147483647

1.05 57.99 168.98 11.1 −56.9 −13.4 19.6 83.1 81.9 82.3 81.9 100 2147483647

1.30 91.77 152.17 42.8 −81.2 −10.7 10.3 82.4 82.4 80.8 81.2 100 2147483647

1.55	87.99	156.02	35.8	−80.4	−11.2	10.4	80.8	81.7	80.8	80.0	100	2147483647
1.80	67.63	149.84	34.0	−58.5	−6.1	9.0	81.6	81.2	81.6	82.5	100	2147483647
2.05	36.64	126.74	29.4	−21.9	−2.2	13.3	81.9	82.7	83.1	82.7	100	2147483647
2.30	−32768	−32768	−32768	−32768	−32768	−32768	255	255	255	255	0	2147483647
2.55	−32768	−32768	−32768	−32768	−32768	−32768	255	255	255	255	0	2147483647
2.80	−32768	−32768	−32768	−32768	−32768	−32768	255	255	255	255	0	2147483647

而 Nortek 公司的 ADCP 的原始观测数据 *.pra 是文本文件，可直接打开，文件内数据说明（各要素）如下：

<u>07　24　2013　07　01　16</u>　0　33　12.7　1509.3　354.7　−1.4

1.4　0.748　29.63　0　03　40

下画线所标注的是月、日、年、时、分、秒，即 2013 年 7 月 24 日 7 时 1 分 16 秒，垂向观测层数为 40 层，其他斜体参数为设备观测设置的参数，可忽略。

以下 7 列分别为层数编号（1 为表层，ADCP 探头水深 0.5m；2 为水下第 2 层，水面下（0.5 + 0.5）m = 1.0 m；总层数为抬头行所设置的 40 层），第 2 ～ 4 列分别为该层流速 u、v、w 分量（m/s），第 5 ～ 7 列分别为该层 ADCP 3 个探头的 3 个声强信号。信号值突变代表声波穿过不同介质，比如由水到泥沙，所以信号值突变层为 ADCP 所测到的海底层。

1	−0.011	−0.267	0.058	172	172	170
2	0.164	−0.158	0.060	166	162	169
3	0.100	−0.395	−0.019	164	159	168
4	0.391	−0.113	−0.015	165	155	171
5	0.133	−0.369	−0.007	162	156	165
6	0.093	−0.246	0.013	162	154	163
7	−0.032	−0.166	−0.014	160	154	160

4.3 实验内容与要求

4.3.1 实验预准备阶段

为保障学生安全，考虑距离和时间因素，以珠海唐家湾海滩及岬角水域为研究海域和测量区域，分小组定点，制订测量方案，包括人员、时间、仪器、测量地点、测量内容（水深、流速、流向）、注意事项等。

4.3.2 实验准备阶段

小组成员在实验室进行仪器检查及准备工作，仪器包括电脑、测流仪器 Nortek ADCP。检查连接配件是否正常；准备安装工具箱；安装 ADCP，打开 ADCP，安装电池，进行密封；连接电脑、ADCP。小组成员分别按 4.2.3 步骤熟悉 ADCP 软件和设置步骤。

4.3.3 测量方法及步骤

在指定时间内，小组成员把 ADCP 仪器、手提电脑及安装配件、工具箱等带到指定地点。小组成员按实验室安装步骤快速安装好 ADCP，并在 ADCP 安装架上套好安全绳，连接 ADCP 和电脑，确认连接正常后，开始定点测量；由于时间关系，设置测量间隔为 1 s。

测量期间，小组成员要注意检查以下三项：ADCP 仪器是否正常工作，测量数据有否出现物理异常，测量记录是否保存在电脑硬盘目录下。测量结束时，先在电脑窗口停止测量，然后进行收拾测量工作，卸载仪器，安装配件归位，将仪器带回实验室并进行清洗等。

4.4 数据处理及分析

本节数据来源于 2013 年 7 月洪季伶仃洋某点使用 Nortek ADCP 定点观测的数据。基于 MATLAB 读取该 ADCP 垂向各层流速、声强，然后构建流速—声强时间序列，进而对流速、流向数据做进一步处理分析。首先，对 Nortek ADCP 数据要根据声强信号判断海底情况，提取海底至海面的有效流速，海底以下的为无效数据；其次，将测量数据中"毛刺"异常信号（其值大于 3 倍标准差）剔除；水面下第 2 层 10 s 平均的水平流速（u、v）随时间的变化过程线如图 4-20 所示。由图可知，伶仃洋实际的水流运动是复杂动力地形耦合作用下不同时间尺度运动的叠加，有如下特点：①在逐时尺度上（日内变化），河口水平运动以不规则半日涨落潮流为主；②在更短的时间尺度上，存在着极为明显的湍动。

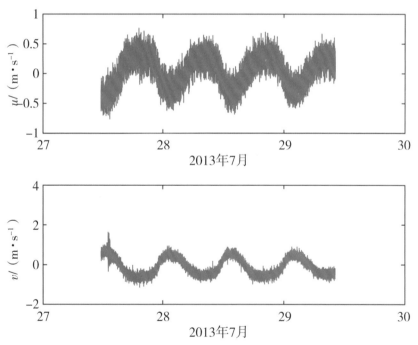

图 4-20　伶仃洋某站近表层实测水平流速（去除毛刺）

采用 10 min 滑动平均法滤掉湍动信号，得到潮流信号，合成流速和流向，观测期间的垂向流动特征可用流速、流向等值线图来进行分析，如图 4-21 所示。然后插值到整点流速，做整个观测期间的流速矢量图，结果如图 4 - 22 所示。从图 4 - 21 和图 4 - 22 都可清晰地看出该点不规则半日潮流的运动特征，涨潮方向为 NNW 向，落潮方向为偏 S 向，涨急、落急阶段流速大，涨平、落平阶段流速小，最大涨潮流速略小于落潮流速。

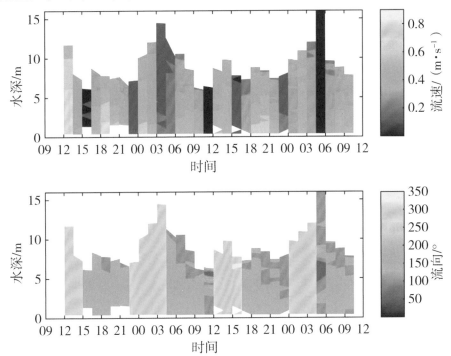

图 4 - 21　流速、流向等值线

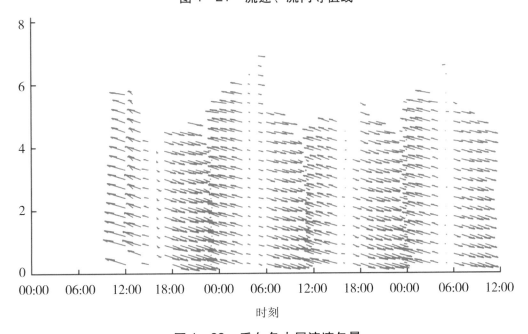

图 4 - 22　垂向各水层流速矢量

4.5 实验成果及要求

本次实验要在完成如下要求的基础上，提交实验分析报告。

（1）记录整理测量的实验数据，剔除无效时刻数据及底层以下的无效数据，建立包括时间、水层、流速分量（u、v、w）的数据序列文件。

（2）采用 10 min 滑动平均法，对紊动流速进行平滑，滤掉脉动数据。

（3）提取逐时、垂向六层（表层、0.2H、0.4H、0.6H、0.8H、底层）潮流剖面流速数据，要求先进行滑动平均。

（4）计算逐时水平流速和流向，绘制流速和流向剖面等值线图。

（5）计算垂向平均流速和流向，绘制其过程线图。

（6）计算垂向各层潮平均余流速和余流向。

（7）结合图表及统计数据，分析研究区域的潮流特征和余流特征，初步讨论余流形成的主要影响因素。

4.6 分析思考题

（1）什么是 RDI ADCP 或 Nortek ADCP 的测量盲区？垂向上盲区没有数据，可否采用数学方法来进行补充？

（2）Nortek ADCP 和电脑一直连接不上，可能原因有哪些？

（3）在 Nortek ADCP 数据中，如何判断哪一层数据是海底？如何提取海底以上水体的有效流速数据？

（4）利用 Nortek ADCP 测量数据来研究河口海岸的潮流，为什么要处理"毛刺"？为什么要进行数据平滑处理？

（5）测量期间可以基于实测流向来判断测量海域是涨潮还是落潮吗？

附录 4　MATLAB 的 Nortek ADCP 处理程序

```
clear
% 读取数据,建立原始时间序列数组
j = 0;
fid = fopen('ADCP_PRF01_20130727. pra','r');
while ~feof(fid)
    a = fscanf(fid,'% f',8);
    str = fgetl(fid);
    if isempty(a)
        break
    end
    b = fscanf(fid,'% f',[7,40]);
    j = j+1;
    time(j) = datenum(a(3),a(1),a(2),a(4),a(5),a(6));
    u(j,:) = b(2,:);v(j,:) = b(3,:);w(j,:) = b(4,:);
    a1(j,:) = b(5,:);a2(j,:) = b(6,:);a3(j,:) = b(7,:);
end
```
% 根据声强信号突变(本数据以上下两层的声强差大于 20,且两个或两个以上探头大于 20)确定海底,提取有效数据,海底以下为 Nan。
```
    ii = 0;[m,n] = size(u);
for i = 1:m
    ii = ii+1
    for k = 3:n-1
    da1(1) = a1(i,k) - a1(i,k-1);da1(2) = a3(i,k) - a3(i,k-1);
    da1(3) = a2(i,k) - a2(i,k-1);% 三个探头的声强差
    da2 = sort(abs(da1));% 按大到小排序
```

```
if da2(2) >20 % 前 2 个大于 20
    u(ii,k:n) = nan;v(ii,k:n) = nan;w(ii,k:n) = nan;
    D(ii) = (k-1)*0.5+0.4; % 总水深,0.4 m 为盲区,0.5 m
    为垂向间隔
    kb(ii) = k-1;
    break
end
end
end
```

% 对第 2 层踢掉毛刺,10 分钟滑动平均,做近表层(如第二层)滑动平均后流速 u 和 v 的过程线图

```
scan = 30;j1 = 0;[m1,n] = size(u);
for i = scan:scan:m1-scan
    j1 = j1+1
    jj = (i-scan+1):(i+scan-1);H(j1) = mean(D(jj));Kb = mean(kb(jj));
    for k = 1:n
        uu(j1,k) = mean(u(jj,k)');vv(j1,k) = mean(v(jj,k)');
        ud(jj,k) = u(jj,k) - uu(j1,k);vd(jj,k) = v(jj,k) - vv(j1,k);
    end
    tt(j1) = time(i);
end
for k = 1:n
    m = find(abs(ud(:,k)) >3*std(ud(:,k)));
    u(m,k) = nan;v(m,k) = nan;vd(m,k) = nan;
    m = find(abs(vd(:,k)) >3*std(vd(:,k)));
    u(m,k) = nan;v(m,k) = nan;
end
subplot(2,1,1),plot(time,u(:,2))
ylabel('u (m/s)')
```

90

```
xlabel('July 2013')
datetick('x','dd')
subplot(2,1,2),plot(time,v(:,2))
ylabel('v（m/s)')
xlabel('July 2013')
datetick('x','dd')


% 绘制滑动平均后的流速等值线图及流向图
for k = 1:n
    V(:,k) = sqrt(uu(:,k).^2 + vv(:,k).^2);
    Dir(:,k) = mod(atan2d(uu(:,k),vv(:,k)),360);
    Hz(:,k) = (k-1)*H./Kb+0.4;
    t(:,k) = tt;
end
figure
subplot(2,1,1)
contourf(t, Hz,V,'linestyle','none')
datetick('x','hh')
h_bar = colorbar
ylabel(h_bar, '流速(m/s)')
xlabel('时间')
ylabel('水深(m)')
ylim([0 16])
subplot(2,1,2)
contourf(t, Hz,Dir,'linestyle','none')
datetick('x','hh')
h_bar = colorbar
ylabel(h_bar, '流向(°)')
xlabel('时间')
ylabel('水深(m)')
```

ylim([0 16])

%% interpt(method:'linear'(default) | 'nearest' | 'next' | 'previous' | 'spline' | 'pchip' | 'cubic'

%插值出整点流速,并绘制矢量图

tb = datenum(2013,7,27,12,0,0);te = datenum(2013,7,29,10,0,0);

ti = tb:1/24:te;

for i = 1:n

    ui(:,i) = interp1(tt,uu(:,i),ti,'nearest');

    vi(:,i) = interp1(tt,vv(:,i),ti,'nearest');

end

figure

quiver(ti',(1:40)*0.3,ui',vi',0.8)

datetick('x',15)

box off

5　RTK 的操作及应用实验

5.1　实验目的

采用 RTK 进行控制测量，能够实时知道定位精度，提高作业效率，在大地测量、水利工程控制测量等领域广泛应用。通过使用 RTK 测量海滩地貌形态，掌握 RTK 测量仪器的使用，可以认识海滩不同区域地貌形态的特征，理解海岸动力对海滩地貌形态的影响。本次实验的目的为：

（1）熟悉 RTK 测量仪器的使用，从 RTK 仪器的安装、架设，到测量软件的设置和使用，以及数据的导出和处理，熟练掌握整个 RTK 系统的应用。

（2）绘制海岸剖面形态图和海岸形态地形图，掌握绘制各种图形的方法，认识海岸不同区域的地貌形态特征。

（3）分析海岸不同区域的动力特征及其对海岸地貌形态的影响。

5.2　实验装置与测量原理

5.2.1　实验装置

RTK 测量设备包括基准站、流动站两部分，两部分合在一起构成测量系统的 GPS 信号接收系统、数据实时传输系统、数据实时处理系统等。基

准站和流动站通过手簿进行连接和设置，且通过手簿接收相关数据控制仪器进行测量并记录测量数据。

5.2.2 测量原理

5.2.2.1 GPS 定位原理

全球定位系统（Global Positioning System，GPS）是美国研制的卫星导航系统，具有全球性、全天候、连续性、实时性导航定位和定时功能，能为各类用户提供精密的三维坐标、速度和时间。它由空间部分（GPS 卫星星座）、地面控制部分（地面监控系统）、用户设备部分（GPS 信号接收机）组成（图 5 - 1）。

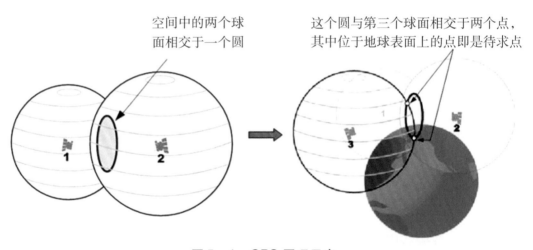

图 5 - 1　GPS 原理示意

在 GPS 观测中，测出卫星到接收机的距离，利用三维坐标中的距离公式，利用 3 颗卫星，就可以组成 3 个方程式，解出观测点位置（X，Y，Z）的 3 个未知数 X、Y、Z。考虑到卫星时钟与接收机时钟之间的误差，实际上有 4 个未知数，X、Y、Z 和钟差，因此，需要引入第四颗卫星，形成四个方程式进行求解，从而可以确定某一观测点的空间位置，精确算出该点的经纬度和高程。

单点导航定位和相对测地定位是 GPS 两个主要应用。对常规测量而言，主要应用相对测地定位。相对测地定位是利用 $L1$ 和 $L2$ 载波相位观测值实现高精度测量，其原理是采用载波相位测量局域差分法：在接收机之间求一次差，在接收机和卫星观测历元之间求二次差，通过两次差分计算出待定基线的长度；求解整周模糊度是其关键技术，根据算法模型，设计了静态、快速静态以及 RTK 等作业模式。静态作业模式主要用于地壳变形观测、国家大地测量、大坝变形观测等高精度测量；快速静态测量以其高效的作业效率与厘米级精度广泛应用于一般的工程测量；而 RTK 测量以其快速实时、厘米级精度等特点广泛应用于数据采集（如碎部测量）与工程放样中。RTK 技术代表着 GPS 相对测地定位应用的主流。

5.2.2.2 RTK 测量原理

RTK 是以载波相位观测量为根据的实时差分 GPS 测量，它能够实时地提供测站点在指定坐标系中的厘米级精度的三维定位结果。RTK 测量系统通常由三部分组成（图 5 – 2），即 GPS 信号接收部分（GPS 接收机及天线）、数据实时传输部分（数据链，俗称电台）和数据实时处理部分（GPS 控制器及其随机实时数据处理软件）。

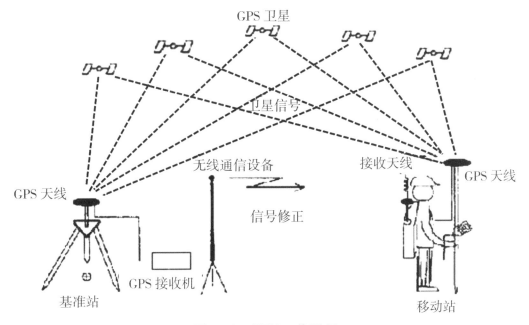

图 5 – 2 RTK 工作原理

（1）GPS 信号接收系统。从理论上讲，双频接收机与单频接收机均可用于实时 GPS 测量；但是单频机进行整周未知数的初始化需要很长时间，

这是实时动态测量所不允许的，加上单频机在实际作业时容易失锁，失锁后的重新初始化又要占去很多时间，因此，在实际作业中一般应采用双频机。

（2）数据实时传输系统。RTK 技术的关键在于数据传输技术和数据处理技术，RTK 定位时要求基准站接收机实时地把观测数据（伪距观测值和相位观测值）及已知数据传输给移动站接收机。为把基准站的信息及观测数据一并传输到移动站，并与移动站的观测数据进行实时处理，必须配置高质量的无线通信设备（无线信号调制解调器）。

（3）数据实时处理系统。基准站将自身信息与观测数据通过数据链传输到移动站，移动站将从基准站接收到的信息与自身采集到的观测数据组成差分观测值。在整周未知数解算出来以后，即可进行每个历元的实时处理。

RTK 测量是根据 GPS 的相对定位理论，将一台接收机设置在已知点上（基准站），另一台或几台接收机放在待测点上（移动站），同步采集相同卫星的信号。基准站在接收 GPS 信号并进行载波相位测量的同时，通过数据链将其观测值、卫星跟踪状态和测站坐标信息一起传送给移动站；移动站通过数据链接收来自基准站的数据，然后利用 GPS 控制器内置的随机实时数据处理软件与本机采集的 GPS 观测数据组成差分观测值进行实时处理，实时给出待测点的坐标、高程及实测精度，并将实测精度与预设精度指标进行比较，一旦实测精度符合要求，手簿将提示测量人员记录该点的三维坐标及其精度。作业时，移动站可处于静止状态，也可处于运动状态。可在已知点上先进行初始化后再进入动态作业，也可在动态条件下直接开机，并在动态环境下完成整周模糊值的搜索求解。在整周模糊值固定后，即可进行每个历元的实时处理，只要能保持 4 颗以上卫星相位观测值的跟踪和必要的几何图形，则移动站可随时给出待测点的厘米级的三维坐标。

简单来说，RTK 测量原理就是，基站将自身信息与观测数据通过数据链（内置电台等）传输到移动站，移动站将自身采集到的观测数据与从基站接收到的信息组成差分观测值（X、Y、Z），及所设坐标系下的平面坐标和高程信息。

5.2.3　基本操作

5.2.3.1　设备准备

主机包括主机头、天线（长天线即电台天线，短天线即网络天线），配件包括手簿、三角架、基座、移动杆，如图 5 - 3 至图 5 - 5 所示。

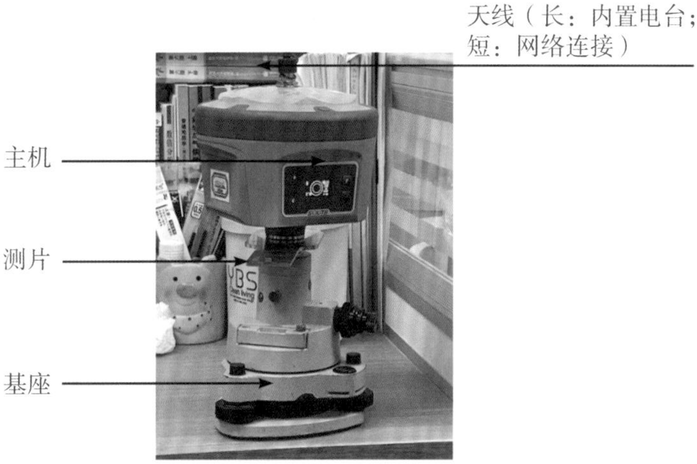

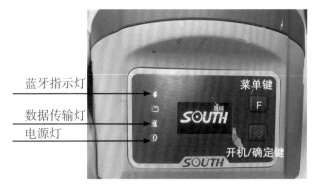

图 5 - 3　RTK 主机和配件

图 5 - 4　RTK 显示屏幕区域

图 5 - 5　RTK 主机头

注意：出发去测量前，必须检查每个 RTK 箱子内零件是否齐全。主要的部件包括主机、主机电池、手簿、手簿电池、电池充电器、卷尺、天线、测片。除了仪器本身的这些部件以外，还需带上三脚架、移动站的杆子、基座。

5.2.3.2　架设基站/移动站

架设基站：组装详情如图 5-6 所示。

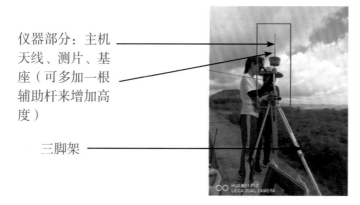

仪器部分：主机
天线、测片、基
座（可多加一根
辅助杆来增加高
度）

三脚架

图 5-6　基站架设

注意：

（1）三脚架必须通过基座与仪器部分连接，架设时，可通过调整基座上的水准气泡来调平基站（图 5-7）。

基座以及其上
的两个水准泡

图 5-7　基座展示

（2）在野外工作时，一般选择地势较高、地面结实的地方架设，以确保有较强的信号。

（3）在较高的位置架设时，要确保架设得够稳，必要时（比如说当天风大）给三脚架增加负重来保证整个基站的稳定性。

（4）基站一旦架设好并启动成功，不能再移动或碰触整个基站。

5.2.3.3　启动基站

启动基站有两种方式：一种是直接在主机上按键操作；另一种是将手簿与主机连接（蓝牙连接），在手簿上设置参数并启动基站。

（1）在主机上按键操作。F 键选择测量模式→基站模式→设置基站→启动基站。（详细操作界面可参见使用手册）

（2）在手簿上操作（推荐）。打开 EGSTAR，配置→连接蓝牙，配置→仪器设置→主机模式设置（设置成基站），配置→电台设置→设置电台通道号并读取，配置→仪器设置→基站设置，输入基站参数，主要需修改的参数有差分格式、输入基站离地面的高度，其余参数一般不修改，最后启动基站。当屏幕上弹出"基站启动成功"，当主机也报出同样的提示音时，基站启动成功，可进行下一步操作。注意：启动后不能再移动或碰触基站，否则基站发射信号的位置会发生改变，导致测量不准。

（3）基站参数设置。格式为差分格式，一般在海滩测量。差分格式选择 CMRx 格式（图 5-8）即可。若使用时发现信号很差，可考虑更换别的差分格式。其余参数和基站坐标一般不用更改，重新启动基站即可。

图 5-8　基准站坐标设置

5.2.3.4 基站、移动站连接

基站架设完成后，开始架设移动站。相比于基站，移动站的架设较简单灵活，只要将主机头拧到移动杆上即可。杆高可自行调节，一般建议调至1.8 m，可较好地接收基站信号。安装好移动站后，打开主机头，在F键菜单栏下选择"主机模式→移动站模式"，将该主机设置成移动站。也可通过手簿来设置：打开EGSTAR，配置→连接蓝牙，配置→仪器设置→主机模式设置（设置成移动站），如图5-9所示。

长天线
主机
移动杆
手簿

图5-9 移动站

基站和移动站的连接有多种方式：内置电台、外置电台、WiFi（详见用户手册），一般情况下，内置电台模式足够进行工程测量。

基站与移动站的内置电台连接的原理是将基站和移动站的电台通路设置成相同，即可形成通路。方法有两种：①在主机头上按F键，菜单栏中选择"通信模式"→"内置电台模式"→"修改电台通道"→"确认"即可；②在手簿上设置，打开EGSTAR，配置→电台设置→将电台通道号设置成与基站一致→读取，当主机上数据传输信号灯。

5.2.3.5　采点测量

采点测量步骤如下：

（1）新建工程。新建工程的作用是按需设置本次测量的参数（坐标系、投影方式），每次测量的数据均保存在该工程内。建议每次新的测量开始都新建一个工程，可避免信息、数据杂乱。

新建工程的步骤：EGSTAR 界面→工程→新建工程→确定，工程建立完毕（图5－10）。若第二次测量工作，可套用以前的工程文件，勾选套用模式，选择要套用的工程文件，以免重新设置参数。首次新建工程时，配置中选择工程设置→工程参数，按实际要求进行设置。

图 5－10　EGSTAR 界面

（2）校正。校正的作用是使多次测量的坐标可以重合。初次测量时无需校正，但要记下以后校正要用的参考点（至少3个，一个用来校正，其他两个用来检验）；第二次测量时，进行单点校正，操作是：EGSTAR 界面→配置→输入→校正向导。只要选取好参考点，按照校正向导操作即可。校正好后，可用移动站去测量其余的参考点，看是否与初次测量的坐标值相同。若不相同，检查其他参数（坐标系、天线高）是否与初次设置相同，重新进行校正。

（3）测量采样。当以上工作完成后，即可进行测量。一台移动站配一个手簿，操作是：EGSTAR 界面→测量→点测量。当移动杆上的水平气泡对中后，单击屏幕上的"确定"或按下"Enter"键，此时会弹出该点的

信息界面，按实际要求更改点名后保存，即测量得到了一个点。系统默认要在固定解，水平精度小于 0.04，垂直精度小于 0.02 时才能保存点。当系统提示差分解及以下信号或精度不够高时，可将移动站倒置几秒，重新接收信号，待信号和精度都满足要求时，即可继续测量；若倒置仍不解决问题，可更改基站的电台通道，或更改差分格式，继续尝试。

5.2.3.6　其他应用

以上是最基本的使用 RTK 测量采样数据点的方法。除此之外，RTK 还有其他十分方便的功能，如点放样、直线放样等。

（1）点放样。利用 RTK 导航至已有的点进行测量。操作如下：测量→点放样→输入/导入目标点→选择目标点→导航至该点测量。点放样的好处是，可准确地到达目标点的位置。

（2）直线放样。利用 RTK 测量已有的目标直线。操作如下：测量→直线放样→输入/导入目标直线起/终点→选择目标直线→按直线测量。直线测量的好处是可按需规划所要测量的直线，根据 RTK 的提示可测出十分完美的直线剖面。

5.2.4　数据导出与处理

（1）在"工程"直接导出测量数据文件：工程→文件导出。

（2）导出整个工程文件夹。在手簿桌面上打开资源管理器，找到测量工程文件夹，直接复制到 U 盘（就像从电脑复制文件到 U 盘一样）。方法：直接将 U 盘插入手簿，将所需文件复制到 U 盘即可。

（3）在数据导出前，建议先导出测量报告文件。该文件里有所有测量参数和测量点，若后续有问题，可方便查看。

（4）数据处理：RTK 测量所获得的数据是坐标位置和高程，及（X，Y，Z）坐标。该类数据可利用 Arcgis、MATLAB 或 Surfer 来进行后续处理，处理方法根据实际需求灵活运用。处理出来的结果一般可以是二维等值线图或一维剖面图，如图5-11 和图 5-12 所示。

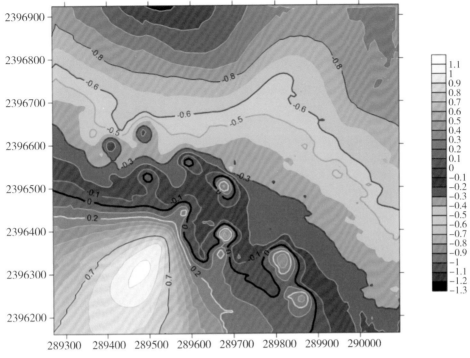

图 5 -11　地形平面

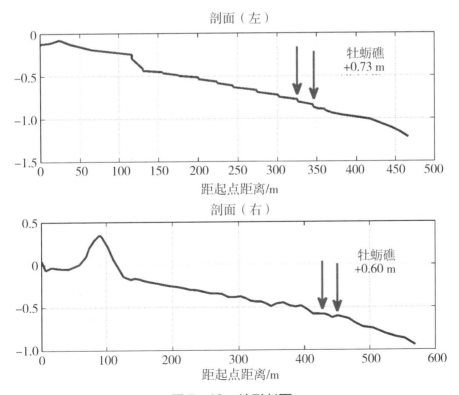

图 5 -12　地形剖面

以上操作步骤均根据 RTK 在海滩测量时的实际应用编写，使用模式是：基站架设在未知点→仅单点校正。RTK 还有多种使用方式，流程步骤不会相差太多，只是细节上有差异，这些操作均可在随机所附的手册中查到。

5.2.5 应用案例

RTK 因操作方便、测量精度高，常用于潮滩短时间尺度地形变化的动态监测。

交杯四沙为磨刀门河口拦门沙，为了监测其形态的变化动态，对其进行了洪枯季逐月地形测量。为了保证数据的可对比性，在交杯四沙设置木桩作为基准点，并设置了固定的观测点，采用 RTK 进行测量。现场观测结束后，在实验室内对 RTK 测量的高程数据进行整理，以分析拦门沙的地形演变特征。

选择 4 个代表性断面分析交杯四沙各个区域的高程和位置的变化，4 个断面的位置如图 5 - 13 所示。

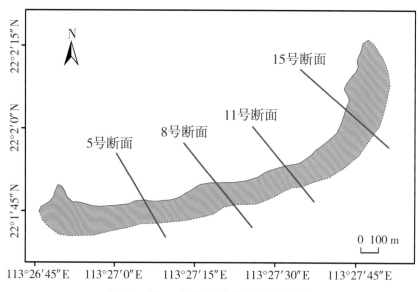

图 5 - 13 交杯四沙分析断面位置

将 8 次观测中测到的各断面最北端的测量点定为起始点，计算断面各测点和起始点之间的距离，以及各测点各月的高程变化，形成各断面各月高程变化图，如图5－14 至图5－17 所示。

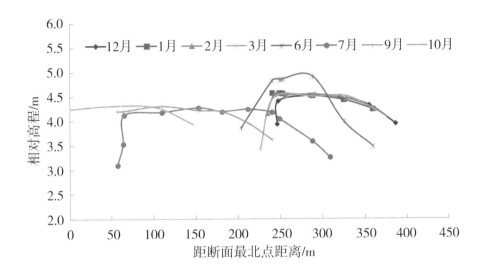

图 5 –14　5 号断面各月地形变化

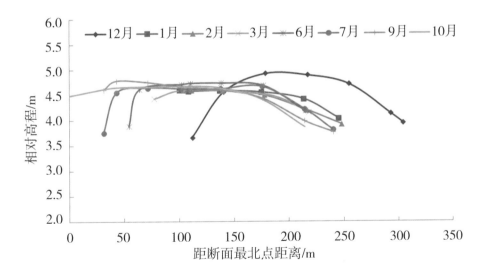

图 5 –15　8 号断面各月地形变化

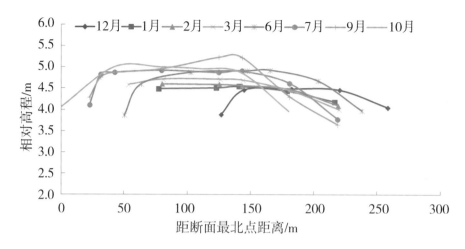

图 5 - 16 11 号断面各月地形变化

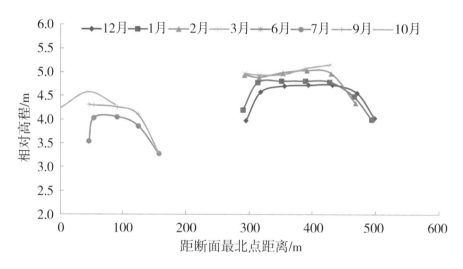

图 5 - 17 15 号断面各月地形变化

5.3 实验内容与方法

实验地点：学校附近的海滩。

实验内容：

（1）选择较平坦的地方按仪器架设方法架设基准站，注意架设相关注意事项。

（2）分组进行基准站和流动站的设置。

（3）按一定间距测量海滩剖面高程，对特征地貌处进行加密测量，充分反映海滩的地貌特征。

（4）测量完后对测量数据进行转换和保存。

5.4　实验成果及要求

（1）使用 RTK 对一个海滩进行测量，获取整个海滩的高程数据。

（2）在室内导出数据，对数据进行整理和分析，绘制海滩各个剖面的形态图和整个海滩的地貌形态图。

（3）分析海滩地貌特征，结合海滩附近的水动力特征，分析海岸动力对海滩地貌形态的影响。

5.5　分析思考题

（1）流动站和基准站在 RTK 工作过程中各有什么作用？

（2）如果观测区域没有基准点，如何使多次观测的数据具有可对比性？

（3）RTK 测量所得的数据，如何转换和处理以绘制区域的地貌形态图？

（4）了解影响 RTK 测量精度的因素。如数据中出现异常数据，分析引起数据异常的原因。

（5）分析海滩的地貌形态特征，以及所测海滩的海岸动力是如何影响海滩的地貌形态的。

参 考 文 献

［1］薛元忠，何青，王元叶. OBS 浊度计测量泥沙浓度的方法与实践研究
　　［J］. 泥沙研究，2004（4）.

［2］薛元忠，许卫东. 光学后向散射浊度仪简介及应用研究［J］. 海洋工
　　程，2001（2）.

［3］袁宗福，梁成武. RTK 测量技术原理及其应用［J］. 才智，2009（4）：
　　129.

［4］孔汪洋. 声学多普勒流速剖面仪（ADCP）在长江河道水文测验中的
　　应用推广［J］. 科技资讯，2012（6）：98－99.

［5］王崇贤. 二维波浪水槽造波控制系统研究［D］. 天津：天津大
　　学，2005.

［6］陈伯海，吕红民. 波浪水槽中随机波的模拟［J］. 青岛海洋大学学报
　　（自然科学版），2016（2）：179－184.

［7］常雅雯，胡晓农，张汉雄，等. 泥质潮滩的海水——地下水交换量化
　　研究：以莱州湾南岸为例［J］. 海洋通报，2018（4）：450－458.

［8］田淳，刘少华. 声学多普勒测流原理及其应用［M］. 郑州：黄河水
　　利出版社，2003.